기후재난과의 전쟁

미래산업을 바꿀 친환경기술 100

기후재난 과의 전쟁

박영숙 지음

국일미디어

팬데믹의 이유, 기후변화

2019년 12월 31일 중국 우한의 새로운 '바이러스성 폐렴'에 대한 첫 공식 보고 이후 우한에서의 발병을 억제하려는 시도가 실패하여 중국 전역과 전 세계로 바이러스가 빠르게 퍼졌다. 2022년 5월 현재 거의 모든 국가와 영토, 심지어 남극 대륙 기지에서도 5억 건 이상의 사례가 보고되었다. 공식 사망자 수는 620만 명 정도이며 최고 추정치는 약 1,500만 명을 넘기며 인류 역사상 가장 치명적인 전염병 중 하나가 되었다. 스페인 독감으로 약 1,700만에서 5,000만 명이 사망한 반면, 1346~1353년에 발생한 페스트로는 약 7,500만에서 2억 명이 사망했다.

「네이처 Nature」에 발표된 새로운 연구는 종간 바이러스 전파의 증가 위험을 강조한다. 지구 기후가 계속해서 따뜻해짐에 따라 연구자들은 야생동물이 인구가 많은 지역으로 서식지를 옮기면서 동물과 인간 사이의 바이러스가 전염되어 팬데믹이 일어났다고 말한다.

연구를 위해 과학자들은 기후와 토지 이용 변화가 전 세계 포유류 바이러스 네트워크에 어떤 영향을 미칠 것인지에 대한 포괄적인 평가를 수행했는데, 동물들이 인간을 처음 마주할 때 수천 개의 바이러스를 공유할 것이라고 이 연구는 예측했다.

이러한 기후 변화는 에볼라 또는 코로나19 바이러스와 같은 바이러스가 새로운 영역에서 출현할 기회를 더 많이 가져와 바이러스를 추적하기 더 어렵게 만들고, 바이러스가 '디딤돌' 종을 넘어 인간으로 더 쉽게 이동할 수 있게 한다.

이 연구는 기후와 토지 사용 변화로 인해 생물종이 높은 고도, 생물다양성 핫스팟, 인구 밀도가 높은 지역에서 새로운 조합으로 모일 것이라고 예측한다. 2070년까지 처음으로 최대 4,000개의 바이러스가 동물과 인간 사이를 포함하여 포유류 사이에 퍼질 수 있다. 2070년에는 인구 밀집 지역이 종간 바이러스 전파가 가장 많이 일어나는 곳이며, 엄청난 바이러스 이동이 일어난다고 보고하고 있다.

또 하나의 중요한 발견은 온도 상승이 새로운 바이러스 공유의 대부분을 차지하는 박쥐에 미칠 영향이다. 비행능력은 장거리를 여행하고 가장 많은 바이러스를 공유할 수 있게 한다. 바이러스

출현의 중심 역할을 하는 박쥐 때문에 다양한 박쥐가 서식하는 동남아시아에서 가장 큰 영향이 발생할 것으로 예상된다.

그레고리 알베리Gregory Albery 박사는 "이런 일, 즉 팬데믹의 급속한 팽창은 이미 일어나고 있다. 최상의 기후변화 시나리오에서도 예방할 수 없으며 동물과 인간 인구를 보호하기 위한 보건 인프라 구축을 위한 조치를 취해야 한다"라고 말했다. 이 메커니즘은 기후 변화가 인간과 동물의 건강을 위협하는 방식에 또 다른 면을 보여준다. 이 새로운 바이러스가 관련 종에 어떻게 영향을 미칠지 불분명하지만 많은 바이러스가 인류에게 새로운 발병의 위험이 된다는 것은 확실하다.

전반적으로 연구들은 기후변화가 질병 출현의 가장 큰 위험 요소가 될 것이라고 결론내린다. 다른 기여 요인은 삼림 벌채, 야생 동물 거래 및 농업이다. 또 조류에서 인간으로 옮겨가는 조류 독감 변종의 수가 우려를 불러일으키고 있다. 최근 사례 등을 살펴보면, 점점 더 많은 바이러스가 급증하고 있다.

우리는 환경보존, 기후변화를 줄일 수 있는 기술들을 많이 개발하여 기후변화를 막아야 한다. 기후변화는 그냥 날씨를 좀더 덥게 만드는 것이 전부가 아니다. 우리를 모두 두려움에 떨게 하고 모든 국가에서 사망자를 낸 코로나19 바이러스는 기후변화 때문에 일어난 것이다. 기후변화 대안, 기술개발 등의 기후위기의 해결이 바로 우리의 목숨을 좌지우지하는 상황이 된 것이다.

그러므로 우리는 그 무엇보다 먼저 기후변화를 공부하고, 기술 발전을 위해 노력하고, 결국 기후변화를 해결해야만 한다.

덧붙여 책에서는 크게 강조하지 않았지만, 이제 AI메타버스 세상이 와서, 사람들이 실제로 머리를 맞대고 대화하는 것이 아니라 가상세계에서 대화하는 시대가 오고 있다. 이들이 메타버스, 블록체인을 이용하여 코인을 채굴하지 않는 방법을 사용하면서, 엄청난 대면사회를 비대면사회로 이끌어 줄 수 있다. 이 AI메타버스 또한 기후변화의 대안이 될 수도 있다.

3 기후재난 왜 주목해야 하는가

2부

기후재난을 극복하는 신기술 100

4 기후변화 대응을 위한 최신기술 36

5   친환경에너지 기초 기술 13

7 환경오염 방지 신기술 21

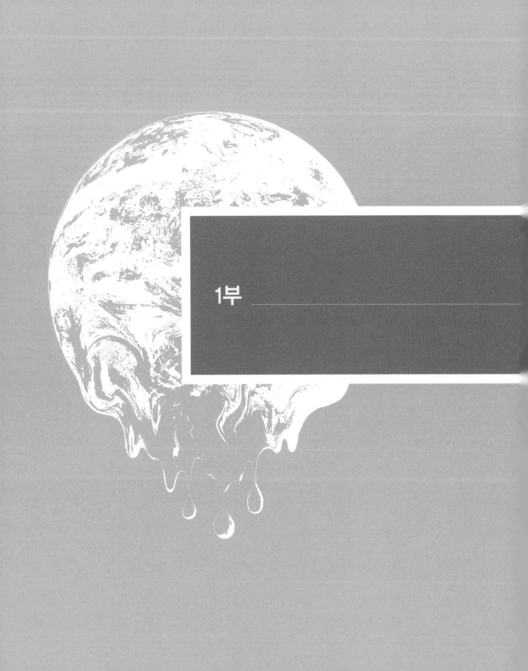

1부

미래를 뒤바꿀
기후재난

1

기후재난에 대한 미래예측보고서

세계는 기후변화를 어떻게 바라보고 있을까?

최근 이상기후 현상들이 전 세계 곳곳에서 감지되고 있다. 그리스에서는 50도를 넘는 폭염이 닥치는가 하면 브라질에서는 때 아닌 폭설로 커피와 사탕수수 농장들에 큰 타격을 입혔다. 최근 우리나라 전역에서 벌어지고 있는 꿀벌 집단 폐사 및 실종 사태가 기후변화와 관련 있다는 사실이 밝혀지면서 충격을 주고 있다.

이러한 현상들이 모두 기후위기와 관련이 있다. 이제 기후위기가 인류의 생존은 물론 지구 생물의 미래까지 위협하고 있다는 사실을 모르는 사람은 없다. 이는 기후 학자들의 오랜 노력 덕분에 이루어진 결과이며 다행히 전 세계 국가들까지 나서서 기후위기 해결에 동참하려는 분위기가 확산되고 있다.

이러한 기후위기 시대에 기후변화에 관한 정부간협의체IPCC가 만들어졌다. IPCC는 기후위기 문제에 대처하기 위해 1988년에 세계기상기구와 유엔환경계획이 공동 설립한 유엔 산하 국제기구다. 이곳에서는 2백 명이 넘는 전 세계적으로 권위 있는 과학자들이 모여 기후변화에 관한 과학적 평가보고서를 작성하여 발표하고 있다. 2022년 기준 6차 보고서까지 나와 있는데 그 내용을 요약하면 다음과 같다.

1) 지난 10년 동안(2011~2020년) 지구의 평균온도는 산업혁명 이전과 비교했을 때 1.09℃ 상승한 상태다. 대기 중 이산화탄소 농도(410ppm)가 2백만 년 만에 최고 수준으로 높아졌다. 5년 (2016~2020년) 동안의 기온은 1850년 이후 가장 높았다.

2) 기상이변 현상들이 지속적으로 늘어나고 있다. 그 원인은 인간의 활동으로 발생한 온실가스가 영향을 미치기 때문이며 그 증거가 명확해졌다.

3) 지구의 온도가 0.5도 추가 상승할 때마다 기상이변 현상의 빈도와 강도는 심해질 것이다. 온실가스 감축이 빠르게 이루어진다 해도 2050년이 오기 전 북극 빙하가 거의 녹아 없어지는 일이 한 번 이상 나타날 것이다. 만약 1.5도 목표[1]를 달성하면 완만한

---

1 산업화 이전에 비해서 추가적 온도 상승을 1.5도 이내로 억제하는 것이다.

회복이 이루어질 가능성은 있다.

4) 온실가스 감축 노력을 다하더라도 장기적인 변화 가운데 일부는 멈출 수 없다. 빙하 유실과 해양 온난화, 해수면 상승, 심해 산성화는 앞으로도 계속 진행될 것이다.

6) IPCC는 온실가스 배출 시나리오를 바탕으로 해수면 상승 예측을 2300년까지로 늘였다. 2300년에 해수면 상승폭은 0.5미터 이하에서 7미터까지로 예상된다.

7) 지구온난화를 줄이기 위해 상당한 이산화탄소 감축의 성과가 필요하며, 다른 온실가스도 크게 감축해야 한다.

8) 1.5도 목표를 달성하면 해수면 상승이나 이상기후 현상 등의 문제를 줄일 수 있으며, 1.5도 목표를 달성하려면 빠른 온실가스 감축에 의한 탄소중립이 먼저 달성되어야 한다. 1.5도 상승 제한을 위한 이산화탄소 배출 양은 2020년 기준 5천억 톤(1.5도 상승에서 멈출 확률 50%)에서 4천억 톤(1.5도 상승에서 멈출 확률 67%) 정도다. 현재 인간 활동으로 매년 400억 톤 이상의 이산화탄소가 배출되고 있다.

9) 최신 기술로 대기 중의 이산화탄소를 제거할 수는 있으나 지구 생태계에 일어날 부작용이 우려되는 문제가 있다.

기후재난에 대한 재평가가 필요하다

『에너지 혁명 2030』의 저자이자 미국의 미래에너지 전문가인 토니 세바Tony Seba가 공동 설립한 RethinkX는 기술 기반 파괴가 사회 전반에 미치는 영향을 분석하고 예측하는 미국의 신기술 연구소다. 이러한 RethinkX는 기후위기에 대한 미래 시나리오도 제시하고 있다. 결국 기후위기가 에너지 문제와도 직결되어 있기 때문이다.

먼저, RethinkX는 기존 IPCC가 내놓은 기후평가 시나리오에 대해 재평가하는 것이 필요하다고 이야기한다. 그 이유는 IPCC 기후 시나리오에 기술 발전이 기후문제를 해결할 수 있다는 사실이 거의 반영되어 있지 않으며, IPCC의 UN 기후 패널들이 여전히 기후위기와 관련된 기술의 문제를 이해하지 못하고 있다고 여겨지기 때문이다.

이러한 예측의 실수는 변화를 주도하는 복잡한 시스템 역학을 인식하지 못하고 단순 선형 시스템으로 판단했다는 데서 출발한다. 기존의 기후위기에 대한 분석과 시나리오는 경제 사회 전반에 걸쳐 파급되는 2차 효과를 반영하지 못하였기 때문에 사회적 영향의 범위를 예측하지 못했다.

급속한 기술 발전은 시장의 규모를 확장하고 새로운 비즈니스 모델을 생성하거나 많은 경우 완전히 새로운 시장을 생성하기도 한다. 기후위기 시나리오를 짤 때 이러한 기술의 영향은 과소평가되기 마련이며 IPCC 시나리오에서도 이 부분을 간과했다.

하나의 예를 들어보자. IPCC 5차 보고서에 들어 있는 시나리오에는 2100년까지 태양열, 풍력 및 지열 발전이 세계 에너지의 5% 미만으로 나올 것이라고 가정했다. 하지만 실제로는 2030년 이전에 5차 보고서의 추정치를 초과할 것으로 예상되는데, 이는 기존 예측보다 70년 앞선 것이다.

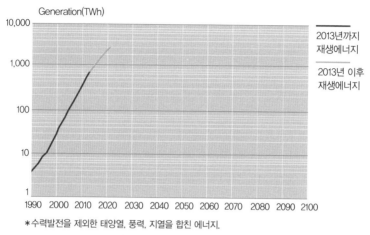

• IPCC의 RCP2.6 재생에너지 VS 현실 •

* 수력발전을 제외한 태양열, 풍력, 지열을 합친 에너지.

(출처: BP, IPCC, van Vuuren et al., 2011a, van Vuuren et al., 2011b,7,8,9,10)

    IPCC의 6차 보고서에서 제시하는 새로운 기후 시나리오도 기술 변화에 대한 근본적인 오해를 기반으로 하기 때문에 동일한 오류를 반복하고 있다. 다행히 6차 보고서에서는 유일한 기술 중심 시나리오인 SSP를 발표하였는데 이 부분은 나름 긍정적이다. SSP(Shared Socioeconomic Pathways)란 '공통사회 경제경로'를 반영하는 시나리오를 뜻한다.

    SSP에서 가장 많이 사용되는 것은 SSP1-2.6, SSP2-4.5, SSP3-7.0, SSP5-8.5의 4개 표준 경로다. 이 중 SSP5-8.5는 산업기술의 빠른 발전에 중심을 두어 화석연료 사용이 높고 도시 위주의 무분별한 개발 확대를 가정한 시나리오다. 하지만 이 시나리오의 문제점은 기술 발전이 더 빨라질수록(에너지, 운송 및 식품 분야에서 기존 에너지 소비 시스템의 파괴를 주도하는 것처럼 말이다) 화석 연료가 덜 사용될 것이라는 사실을 이해하지 못한다는 문제점을 가지고 있다.

우리는 일반적으로 기후위기를 해결하기 위해 기존 에너지, 운송 및 식품 시스템 내에서 온실가스 배출을 완화해야 한다고 생각한다. 하지만 이러한 접근 방식으로는 원칙적으로 문제를 해결할 수 없다. 왜냐하면 이러한 방식은 결국 문제의 근본적인 처방이 아니기 때문이다. 질병을 치료할 때 원인 치료가 아닌 증상 치료만 하면 질병의 원인이 해결되지 않았기에 다시 질병이 나타나게 되는 것과 같다.

또한 기존의 기후위기 해결방식은 온실가스 배출 억제를 바탕으로 하고 있기에 인간의 욕망 억제가 필수적으로 동반되는데, 이는 지속되기 어렵다. 결국 근본 원인이 아닌 증상에 초점을 맞춘 기존의 접근 방식은 무익할 뿐만 아니라 역효과를 낳을 수도 있다. 우리는 기존 시스템을 '덜 나쁘게' 만들어서 기후변화를 해결할 수 없으며 시스템 자체를 교란하고 변형함으로써만 해결할 수 있다는 사실을 알아야 한다.

또 하나의 문제는 입증되지 않은 획기적인 기후 기술개발을 위해 필사적으로 수천억 달러를 지출하며 수십 년을 기다리고 있는 부분이다. 이에 대해 긍정적인 시각을 가진 사람들과 부정적인 시각을 가진 사람들이 첨예하게 대립하고 있다.

기후변화 시나리오에
'기술'이란 변수를 개입하자

RethinkX는 이러한 기존 기후변화 시나리오의 문제점을 해결하기 위한 대안을 제시하고 있다.

기후변화 시나리오에 '기술'의 변수를 개입시킬 경우 수많은 다양한 현상이 발생할 수 있기에 RethinkX는 기존 UN 기후 패널들처럼 100년 후의 미래를 예측하지 않는다. RethinkX는 기술 변수를 바탕으로 연구한 결과 최대 예측 가능한 미래가 20년 이내라는 사실을 알아냈다. 이를 바탕으로 RethinkX는 20년 이내에 온실가스 순배출 제로를 달성하는 데 필요한 기술을 이미 보유하고 있다는 사실도 알아냈다. 이러한 기술은 자연 및 기술 솔루션의 조합을 사용하여 기존의 대기 탄소 축적량을 줄이는 토대를 마련할 것이다.

우리는 배출량을 줄이기 위해 값비싼 '녹색 프리미엄'을 지불할 필요가 없다. 여기서 녹색 프리미엄이란 탄소배출 억제와 관련된 모든 노력과 기술개발을 뜻한다. RethinkX는 이러한 녹색 프리미엄 대신 파괴적인 기술이 이전 기술보다 훨씬 저렴하게 기후위기를 해결할 수 있다는 사실을 알아냈다. 여기서 파괴적인 기술이란 슘페터Schumpeter의 '창조적 파괴[2]' 개념을 기술에 도입한 것으로, 기후위기에 이러한 파괴적인 기술을 도입하면 사회적으로 수조 달러를 절약할 수 있다.

파괴적인 기술 도입은 에너지, 운송 및 식품 분야에 적용할 수 있다. 이러한 에너지, 운송 및 식품 파괴의 영향은 탄소 배출을 완화할 뿐만 아니라 대기에서 탄소를 끌어낼 수 있는 전례 없는 기회를 얻게 해 준다. 이를 바탕으로 RethinkX는 에너지, 운송 및 식품에서 2040년까지 탄소 회수 비용을 톤당 10달러 미만으로 줄일 것으로 추정하고 있다.

과연 RethinkX가 주장하는 에너지, 운송 및 식품의 파괴가 구체적으로 무엇을 뜻하는지, 그리고 이것이 어떻게 기후위기 대응책이 될 수 있는지에 대해 계속 알아보도록 하자.

---

2 기술혁신을 통해 낡은 것을 버리고 새로운 것을 창조하여 끊임없이 경제구조 혁신을 일으키는 과정을 말하며, 경제학자 슘페터가 경제 발전을 설명하기 위해 제시한 개념이다(출처: 매일경제 경제용어사전).

에너지, 운송, 식품 부문에
신기술을 도입한다면

RethinkX 팀은 지난 10년 동안 에너지, 운송, 식품 부문의 기술 파괴에 관하여 연구하고 예측하는 노력을 계속 해 왔다. 그 결과로 해상화물운송장(SWB)의 극적인 비용 개선과 시장 성장을 정확하게 예측하는 등 많은 성과를 이루었다. RethinkX의 시나리오는 세바Seba 기술 중단 프레임워크를 기반으로 하면서 19세기 이후 나타난 수십 개의 역사적 기술 파괴에 대해 경험으로 검증된 방식을 사용한다. 이러한 방법은 기술 파괴의 복잡성을 전체적으로 볼 수 있도록 하는 데 매우 효과적이다.

1. 에너지 부문의 파괴

• 에너지 파괴 곡선 •

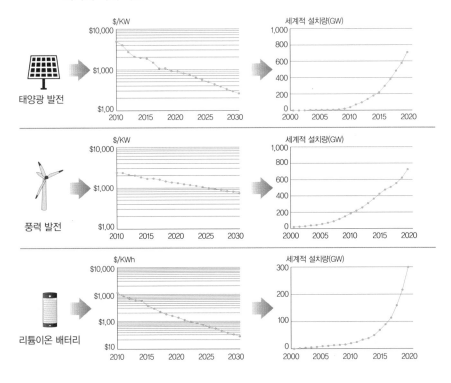

에너지 부문의 파괴는 태양광발전, 풍력 및 리튬이온 배터리에 의해 주도된다. 이 에너지들의 경제성은 2020년대에 들어와서 기존 기술의 경제성을 능가하면서 화석연료와 기존 원자력을 대체하는 수준을 향해 나아가고 있다.

이러한 각 기술들의 수준은 수십 년 동안 지속적으로 성장하여 왔다. 이로 인하여 2010년 이후 태양광발전 비용은 80% 이상 하락했으며, 풍력발전 비용도 45% 이상 하락했다. 리튬이온 배터리 용량 비용의 경우 거의 90%나 하락했다.

이러한 천연에너지 발전의 비용은 일관적으로 하락세를 나타내고 있기에 미래 예측이 가능하다. 각 기술의 발전 비용은 2020년대 내내 놀라운 하락 곡선을 만들어내게 된다. 이렇게 되면 얼마 지나지 않아(2030년까지) 석탄, 가스 및 원자력 발전소가 태양열 및 풍력발전 용량과 경쟁할 수 없는 상태에 이르게 된다. 이러한 결과가 나타내는 것은 기존 에너지 기술의 파괴가 이제 불가피한 상태에 이르렀다는 것을 의미한다.

태양에너지 기술에서 가장 큰 문제로 부각되는 부분이 남는 에너지를 저장하는 배터리 기술에 관한 점이다. 흐린 날과 낮이 가장 짧은 날 등은 태양에너지 사용에 불리하므로 맑은 날과 낮이 긴 날에 축적한 에너지를 저장하는 기술이 핵심으로 떠오른 것이다. 이때 에너지 저장 기술 중 하나로 리튬이온 배터리가 사용된다.

이에 대하여 RethinkX는 발전 용량과 에너지 저장 용량 사이의 균형 관계에 대한 연구를 시행하였다. 그리고 이 둘 사이의 비용이 최적화되면 100%의 리튬이온 배터리 시스템을 완성할 수 있다는 사실을 발견하였다. 이러한 시스템이 만들어진다면 태양에너지를 가장 저렴하게 사용할 수 있는 길이 열리게 된다. RethinkX의 연구결과, 거의 0에 가까운 한계비용(생산량을 한 단위 더 증가하는 데 따라 늘어나는 비용)으로 태양에너지를 사용할 수 있게 된다. 따라서 100% 리튬이온 배터리 시스템은 사회, 경제 및 환경에 대한 새로운 가능성의 문을 열게 된다. 도로 운송이나 주거 및 상업용 난방, 폐기물 관리, 산업시설 등과 같은 탄소 집약적인 모든 곳에 청정에너지를 공급할 수 있게 된다. 가장 저렴하고 안정적이며 자연친화적인 새로운 에너지 생산 시스템을 통하여 지금까지 화석에너지가 만들어놓은 장벽을 뛰어 넘어 빈곤과 평등 격차를 줄일 수 있게 되는 것이다.

2. 교통 부문의 파괴

• 교통의 혼란 •

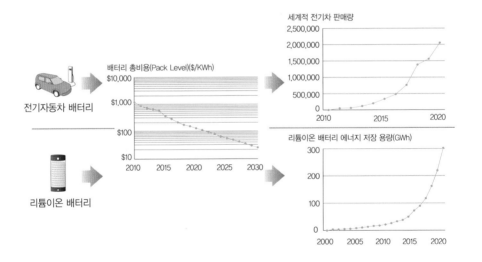

이전까지의 연구에서 운송부문의 파괴는 두 단계로 전개될 것임을 보여주었다. 첫 번째 단계에서 전기자동차(EV)의 급속한 비용 절감이 기존 내연기관(ICE) 차량을 대체하게 된다는 사실이다. 2020년대 후반에 이르면 전기자동차에 의해 내연기관 차량 제조가 붕괴되는 혼란이 일어난다. 이 혼란으로 인해 이후 생산되는 모든 신차가 전기자동차가 될 것이다.

하지만, 이 첫 번째 단계는 자율전기자동차(A-EV)에 의해 주도되는 두 번째 혼란에 의해 추월된다. 2020년대 후반에 이르면 내연기관 및 개인 차량 소유권은 개인이 아닌 자율주행 차량이 소유한 주문형 자율전기자동차로 대체될 것이다.

이와 관련된 기술은 수십 년 동안 지속적으로 개선되어 왔으며, 이것이 기존의 여객 및 화물 차량 모두에 대한 운송 중단의 주요 원인이 될 것이다.

전기차의 유지비용은 이미 내연기관 차량보다 낮고 초기 비용도 빠르게 낮아지고 있다. 특히 자율 기술이 완성되면 이것이 인건비를 상쇄하므로 비용을 더욱 절감할 수 있다. 기존의 개인 소유 차량보다 10배나 저렴한 자율전기자동차가 급격한 혼란을 초래할 것이다. 결국 운송부문의 파괴가 일어나 화석연료에 의존하는 노후 차량과 운전자의 활용도가 급격히 제로Zero에 가까워지게 되면서 대부분의 사람들은 차량 소유를 완전히 중단하는 때가 온다. 이후에는 필요할 때 차량에 접근하여 보유하는 시대로 돌입한다. 이때 차는 필요한 때만 편리하고 자율적으로 이용할 수 있게 되면서 도로 위의 차량 수도 크게 줄어들게 된다. 우버와 같은 서비스는 자율전기차가 미칠 영향을 미리 보여주는 것들이다. 기존 차량이 전기차 및 자율전기차로 대체되면서 일반적인 도로 운송 모델은 중단된다.

도로 운송을 넘어 기존 단거리 항공(상업 항공에서 배출되는 배출량의 약 1/3을 차지함)도 전기 항공기와 자율전기 항공기의 등장으로 인해 혼란에 빠질 것이다. 또한 선박의 전기화로 인해 기존의 해상운송 시스템도 중단될 것이다.

3. 식품 부문의 파괴

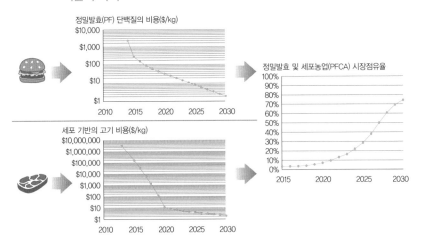

• 식품의 파괴 •

에너지와 운송 부문의 파괴는 어느 정도 예상할 수 있으나 식품 부문의 파괴가 어떻게 이루어질지 잘 떠오르지 않을 것이다. 하지만 RethinkX의 연구에 의하면 식품 부문의 파괴가 정밀발효(PF) 및 세포농업(CA)에 의해 주도된다는 사실이 밝혀졌다. 정밀발효는 무엇이고 세포농업은 또 무엇일까?

정밀발효란 발효 및 정밀 생물학 기술을 결합하여 미생물로부터 맞춤형 복합유기물(단백질 등)을 생산할 수 있는 기술을 뜻한다. 또 세포농업이란 살코기의 세포를 배양하여 깨끗한 식육을 생산하는 기술이다. RethinkX의 예측에 의하면 이러한 정밀발효, 세포농업 기술로 2030년까지 기존 동물성 단백질보다 단백질 생산을 5배, 2035년까지는 10배 더 저렴하게 만들 수 있는 것으로 나타났다.

또한 정밀발효와 세포농업에 의해 생산되는 단백질 및 기타 복합 유기물의 품질 역시 기존 동물 유래 제품보다 더 높고 안전하며 훨씬 더 다양한 형태로도 제공될 수 있다. 이러한 기술들은 기존 축산업 시장에 혼란을 야기할 수밖에 없다. 이렇게 하여 기존 식품 부문의 경쟁력이 도태되므로 식품 파괴 현상이 일어나게 되는 것이다.

새롭게 등장하는 정밀발효와 세포농업에 의해 생산된 식품은 기존 식품과 비교하여 토지 효율성은 최대 100배, 공급원료 효율성은 10~25배, 시간 효율성은 20배, 수자원 효율성은 10배 더 높다. 그뿐만 아니라 식품의 생산과정에서 발생하는 폐기물 또한 최소량으로 만들어진다.

이렇게 하여 2030년까지 축산업은 거의 파산하게 된다. 정밀발효와 세포농업이 영향을 미치는 부문은 축산업뿐만 아니라 어업에까지 이른다. 이로 인하여 전 세계의 모든 상업용 축산업 및 상업용 어업 및 양식업도 파산에 이르게 된다.

오늘날 축산업은 목초지와 사료 경작지의 형태로 33억 헥타르의 토지를 소비하고 있다. 하지만 식품의 파괴는 미국, 중국, 호주를 합친 면적인 그 땅의 80%를 해방시킬 것이다. 이 놀라운 변화는 자연림으로의 회복을 위한 완전히 전례 없는 기회를 제공하게 된다. 이로 인하여 전 세계 탄소 배출량의 최대 20%에 해당하는 양의 탄소를 포집하고 저장하는 일이 일어나게 되는 것이다.

또한 식량 파괴는 상업용 어업과 양식업을 중단시키므로 해양 생태계의 회복을 촉발할 것이다. 해양에 저장된 탄소의 양은 육상에 비해 상대적으로 적지만 그럼에도 불구하고 해양 생태계의 회복은 기후변화 및 기타 생태학적 이점을 불러오게 된다.

기존 기술의 파괴와 신기술의 도입은 역사적으로 계속되어 왔다

역사적으로 살펴보면 시장에서 이전 기술과 신기술은 서로 간의 인과관계에 의해 상호작용이 증폭하게 된다. 이 과정에서 결국 신기술로의 수렴이 이루어지면서 이전 기술의 파괴 현상이 가속화된다. 역사적으로 살펴볼 때 이러한 창조적 파괴 현상은 치열한 경쟁이 아닌 선의의 환경에서 이루어지며 새로운 기술로의 전환은 매우 빠르게 일어난다.

신기술에 의한 이전 기술의 파괴 현상은 혼란 가운데 놀라운 속도로 전개되는 경향이 있다. 이러한 경향은 모든 종류의 기술과 산업에서 반복되어 왔다.

• 산업 부문 파괴의 역사적 예 •

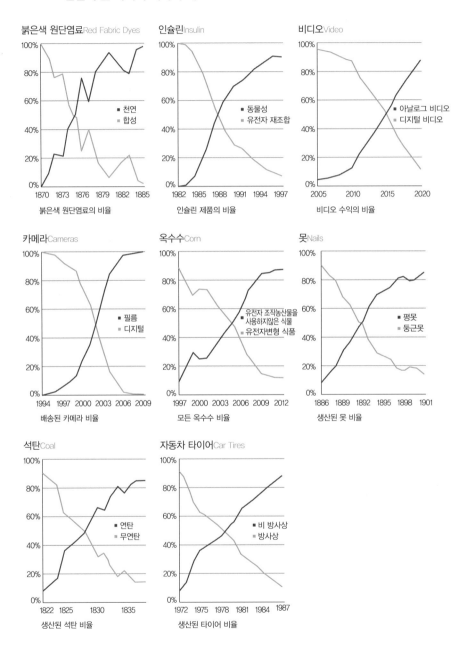

붉은색 원단염료 Red Fabric Dyes

- 천연
- 합성

붉은색 원단염료의 비율

인슐린Insulin

- 동물성
- 유전자 재조합

인슐린 제품의 비율

비디오Video

- 아날로그 비디오
- 디지털 비디오

비디오 수익의 비율

카메라Cameras

- 필름
- 디지털

배송된 카메라 비율

옥수수Corn

- 유전자 조작농산물을 사용하지않은 식물
- 유전자변형 식품

모든 옥수수 비율

못Nails

- 평못
- 둥근못

생산된 못 비율

석탄Coal

- 연탄
- 무연탄

생산된 석탄 비율

자동차 타이어 Car Tires

- 비 방사상
- 방사상

생산된 타이어 비율

식품 부문의 기존 산업들이 4차 산업혁명 및 기후 위기와 관련된 신산업의 등장으로 인해 파괴적 죽음의 소용돌이에 진입했다는 징후를 보이고 있다. 예를 들어 현재 많은 국가가 정부 차원에서 에너지 및 운송 부문에서 화석 연료 사용을 단계적으로 중단하기로 약속하고 있다.

역사적으로 살펴볼 때 기술 파괴와 창조는 단순히 기존 기술을 일대일로 대체하는 상황으로 일어나지 않는다. 새로운 기술의 창조는 완전히 새로운 용도로 일어나기도 하고 다양한 결과를 창출하기도 한다. 예를 들어 자동차의 등장이 단순히 말을 대체하는 방향으로만 일어나지 않았다. 말보다 훨씬 다양한 비즈니스 모델을 기반으로 완전히 새로운 시장을 창출했으며 결과적으로 수조 달러의 추가 가치를 창출했다.

이러한 기술 파괴와 창조의 방향은 결국 환경 친화적으로 가게 되어 있다. 이것이 인류 생존의 올바른 방향일 수밖에 없기 때문이다. 예를 들어 도로 운송의 경우 차량의 전기화에 의해 탄소 배출량이 완화되는 방향으로 가고 있다. 운송 중단으로 도로 위의 차량 수가 급격히 줄어들기 때문에 자재 수요도 감소한다. 운송 부문의 배터리에 사용되는 니켈과 같은 것이 예다. 이처럼 기존 기술의 파괴현상은 하위 부문에도 영향을 미쳐 탈탄소화를 가속시키므로 온실가스 배출을 줄이는 데 큰 도움을 준다.

신기술의 도입이 막대한 탈탄소화를 이룬다

철강 산업은 전 세계 온실가스 배출량의 7% 이상을 차지하며, 여러 산업분야 중 탈탄소화하기 가장 어려운 분야 중 하나로 널리 알려져 있다. 왜냐하면 철강을 생산하기 위해서는 철광석을 녹여야 하고 이때 많은 화석연료 에너지가 필요하기 때문이다.

그러나 에너지, 운송 및 식품 파괴는 철강 생산에도 큰 영향을 미치게 된다. 먼저 석유의 파괴현상에 의해 석유와 천연가스 생산을 위해 사용되는 굴착 장치, 송유관 및 파이프라인에서 철강(구리 및 니켈과 같은 기타 많은 재료)에 대한 수요는 사라질 것이다. 또한 전 세계 선박의 약 30%가 유조선인데 이에 대한 철강의 수요도 사라진다. 그리고 전 세계 선박의 약 40%가 석탄, 철광석, 자동차, 트럭, 가축 및 곡물을 운송하는 화물선인데 이에 대한 수요도 사라질 것이다.

이러한 에너지, 운송 및 식품 파괴와 관련된 물품을 운송하는 선박에 대한 수요가 급감함에 따라 전 세계 화물선의 수요가 크게 줄어들므로 철강 수요가 제거되는 동시에 기존 선박들에 의해 나오는 고철들이 쏟아져 나올 것이다.

이러한 현상은 육상 운송수단에서도 마찬가지로 일어나게 된다. 예를 들어 미국에서는 석탄만 운송하는 차량이 전체 차량의 20%를 차지한다. 이와 같이 에너지, 운송 및 식품 파괴와 관련된 물품을 운송하는 차량의 수요가 급격히 떨어질 것이다.

또한 전기차, 자율전기차로 전환함에 따라 기존 내연기관 차량의 운송 중단이 일어나 2020년대에 비해 2030년대에 도로에서 자동차와 트럭의 수는 크게 줄어들게 된다. 이러한 차량들은 사용가치가 없어져 압도적인 다수가 폐차장으로 보내지게 되므로 철강, 알루미늄, 구리 및 기타 재료의 과잉 공급에 기여하게 된다.

폐선된 선박, 석유 굴착 장치 및 정유 공장, 파이프라인, 자동차 및 트럭에서 쏟아져 나오는 엄청난 양의 고철은 재활용 가능한 고철 비축량을 제공하게 된다(강철은 거의 100% 재활용이 가능하다는 점에 주목하라).

이러한 고철은 에너지 부문의 태양광 발전 및 풍력 설비와 식품 부문의 바이오리액터[3] 등과 같은 새로운 산업에서 사용될 철강 수요를 공급하기에 충분하다.

에너지, 운송 및 식품 파괴는 위와 같은 여러 이유들로 인하여 탈탄소화라는 목표에 자연스럽게 다가가게 한다. 즉 일부러 온실가스 배출을 줄이기 위한 고통을 감수하지 않아도, 불투명한 신기술 개발에 천문학적 금액을 쏟아 붓지 않아도 자연스럽게 온실가스 배출 제로에 더 가까이 다가가게 하는 효과를 얻을 수 있게 해주는 것이다.

---

3 생물의 체내에서 일어나는 화학반응을 체외에서 이용하는 시스템으로 이를 실현시키면 자원 및 에너지절약을 이룰 수 있다(출처: 두산백과).

생각보다 빠르게 순배출 제로를 달성할 수 있다

이제 왜 에너지, 운송 및 식품 부문의 파괴가 기후위기 해결에 영향을 미치는지 어느 정도 이해가 되었을 것이다. 하지만 에너지, 운송 및 식품 부문의 파괴의 의미는 생각보다 훨씬 더 크다. 이 세 부문에서 이전 기술의 중단만 있으면 2035년까지 전 세계적으로 순온실가스(GHG) 배출량의 90%를 제거할 수 있기 때문이다.

위의 문장에서 '중단만 있으면' 이라는 말에 주목하라. 이 말은 기존 기술의 중단에 따라 신기술은 이미 상업적으로 이용 가능하고, 사회적 선택으로 2025년 이전에 상품화할 수 있다는 것이다.

RethinkX의 시나리오는 이미 보유하고 있는 기술을 배포하고 확장함으로써 생각하는 것보다 훨씬 빠르게 온실가스 순배출 제로를 달성할 수 있다고 이야기한다. 전 세계적으로 에너지, 운송 및 식품 부문의 혼란을 주도하는 청정 기술이 이미 존재하여 시장에 출시될 준비가 되었거나 이미 배포되어 즉시 확장될 수 있는 상태에 있기 때문이다. 이러한 이전 기술의 파괴와 신기술의 창조로 2035년까지 전 세계 온실가스 배출량의 90%를 줄일 수 있다.

기후 위기를 해결하는 데 필요한 기술은 태양광발전, 풍력발전, 및 리튬이온 배터리, 전기차(EV) 및 자율주행차(A-EV), 서비스형 운송(TaaS), 정밀발효 및 세포농업(PFCA) 등이다. 이러한 기술들을 가능한 한 빨리 전개하고 규모화해야 한다. 이 외에 핵융합 발전이나 기타 입증되지 않은 기술개발은 필요하지 않다.

기존의 온실가스 규제 시나리오는 사회나 경제에 부수적인 피해를 입힌다. 하지만 RethinkX의 새로운 시나리오에 의하면 이러한 피해 없이도 온실가스 순배출 제로를 달성할 수 있다. 오직 이전 기술의 파괴와 신기술의 창조만 필요할 뿐이다. 본질적으로 친환경 기술은 기존 기술보다 우수하다. 이 때문에 깨끗한 신기술은 시장의 힘만으로 이전 산업을 빠르게 앞지르고 혼란에 빠뜨릴 것이다.

국가의 힘이 아닌 시장의 힘만으로 가능하다는 사실에 주목하라. 시장은 온실가스 배출량을 줄이는 데 지배적인 역할을 할 수 있고 또 해야 한다. RethinkX의 분석에 따르면 온실가스 배출량의 42%는 즉시 확장할 준비가 된 기술로 제거할 수 있으며 나머지 45%는 이미 존재하는 기술만으로도 제거할 수 있다. 이는 시장의 힘을 활용하여 전 세계적으로 온실가스 배출량의 87%를 완화할 수 있음을 의미한다.

그렇다면 이 과정에서 국가는 어떤 역할을 해야 할까?

정부의 핵심 역할은 시장이 신기술을 채택하는 것에 대한 장벽을 제거하여 시장이 제대로 작동하도록 하는 것에 집중되어야 한다. 또한 15년 이내에 좌초될 기존 산업을 보호하는 대신 신산업에 종사하는 사람들을 보호함으로써 가속화되는 사회 혼란을 최대한 활용할 수 있도록 해야 한다.

결국 핵심은 에너지, 운송, 식품의 신기술들이 경제적으로 경쟁력이 있는가 하는 부분이다. 다행스럽게도 이러한 신기술들은 이미 경쟁력이 있거나 (어떤 것은) 몇 년 이내에 경쟁력이 있게 된다.

또한 에너지, 교통, 식량 부문의 파괴는 부유한 지역사회와 가난한 지역사회의 격차를 넓히기보다는 좁힐 것이다. 새롭게 창조되는 신산업은 에너지와 운송, 식품의 비용 부문을 대폭 절감할 수 있기 때문이다. 또한 신기술은 생활비를 대폭 절감함으로써 빈곤 지역 및 저개발 국가의 생활수준을 높이는 데도 기여하게 된다.

온실가스 순배출 제로를 달성하기 위해서는 새로운 탄소 배출

물이 대기로 유입되는 것을 막고, 대기 중에 이미 존재하는 이산화탄소를 추가로 처리하여 안전한 수준으로 되돌려야 한다. 에너지 및 운송, 식품의 파괴는 새로운 탄소 배출물의 양을 획기적으로 줄일 것이며 따라서 대기 중의 이산화탄소 양도 줄어들게 된다. 이에 따른 탄소 회수 비용도 크게 줄어들게 된다. RethinkX의 계산에 의하면 탄소 회수 비용이 2040년까지 톤당 10달러 미만으로 떨어질 것으로 추정된다. 이를 통하여 탄소 배출량을 0 이하로 낮출 수 있게 되므로 기후변화에 대한 완전한 솔루션을 달성하게 된다. 이러한 솔루션은 기술만으로 이루어지지 않고 시장과 정부가 힘을 모은 노력이 추가로 필요하다.

환경 보전과 생태계 복원도
얼마든지 가능하다

에너지, 교통, 식품의 파괴는 또한 현대문명의 가장 뿌리 깊은 환경문제를 해결하는 데 도움을 주게 된다. 지금까지 인류는 새로운 환경파괴를 방지하거나 과거 피해를 복구하는 데 어려움을 겪어 왔다. 가장 큰 이유는 이러한 환경 회복에 비용이 너무 많이 들었기 때문이다.

그러나 에너지, 교통, 식품 등 이 세 가지 파괴만으로 환경 회복에 드는 비용을 절감할 수 있다. 그뿐만 아니라 이전에는 상상도 할 수 없었던 환경보호 및 생태복원을 위한 기회를 얻게 된다. 어떻게 이것이 가능할까.

기존 기술보다 우위에 서 있는 청정 기술은 경제적으로도 기존 기술보다 압도적 경쟁력을 갖게 된다. 이로 인하여 전 세계적으로 화석연료, 축산업, 상업 수산업을 마비시킬 것이다. 이렇게 함으로써 기존 화석연료, 축산업, 상업 수산업으로 인한 대기 및 수질 오염, 토양 오염 및 손실, 삼림벌채, 해양 플라스틱 오염 등을 대폭 줄이게 된다.

청정 기술은 기존의 석탄, 석유, 천연가스, 철강, 차량, 가축, 곡물 및 해산물의 사용을 극적으로 줄어들게 한다. 이것이 기존 에너지, 운송 및 식품에서 일어나는 혼란 비용을 크게 줄이고 환경 보전 및 생태복원을 위한 기회를 확대하게 된다.

에너지, 운송 및 식품 등에서 일어나는 동시적 파괴가 전 세계적으로 환경 회복을 촉발하는 전례 없는 현상을 일으키는 것이다.

원자력이 새로운 에너지 대안이
될 수 있을까?

현재 유럽은 화석연료 공급 부족으로 인한 높은 에너지 가격으로 엄청난 에너지 위기에 처해 있다. 이에 마크롱 프랑스 대통령은 이 문제 해결책으로 원자력을 선택했다. 마크롱 대통령은 2050년까지 최소 6개의 신규 원자로를 건설하고 8개를 추가로 건설하기를 희망한다는 말을 했다. 프랑스는 과거 원자력에서 파생된 전력비율이 세계 1위를 차지할 정도로 기술력이 있기에 충분히 14개의 새로운 원자력 발전소를 건설할 수 있을 것이다. 하지만 RethinkX가 주장하는 '파괴'의 패턴을 이해한다면 이것이 그리 간단하지 않다는 사실을 알게 된다.

과연 핵에너지 기술의 개발은 파괴적 기술의 예와 관련하여 역사상 가장 큰 변화 중 하나였다. 핵에너지의 등장은 RethinkX가

말하는 '파괴의 패턴'을 정확히 보여주었다. 가격 대비 성능이 기존 기술보다 몇 배나 더 높은 새로운 기술이 등장할 때 이 신기술은 S자형 채택 곡선을 나타내며 약 10년 또는 15년에 걸쳐 기존 기술을 거의 쓸모없게 만든다.

과거 프랑스는 원자력 발전 중심으로 나아가면서 기존 석유 화력 발전소의 해체가 필요했기 때문에 많은 부채가 형성되었던 경험이 있다. 그런 가운데 현재 또 다른 기술 파괴의 변수가 등장하고 있으니 바로 청정에너지 기술이다. 2019년까지 태양광 패널의 가격은 1979년에 비해 100배 이상 하락했다. 이런 현상은 풍력 터빈과 리튬이온 배터리 등 다른 청정에너지 분야에서도 비슷하게 나타나고 있다. 이런 현상은 '파괴 패턴'의 또 다른 요소로 작동하고 있다. 새로운 기술의 채택은 가격 하락과 신기술 활용의 증가로 인한 강력한 피드백 루프(시스템의 순환회로)에 의해 주도되기 때문이다.

그렇다면 이러한 새로운 기술 파괴와 관련하여 기존 원자력 기술의 문제점은 무엇일까? 원자력 기술은 안타깝게도 원자력의 용량이 클수록 추가 원자로를 건설하는 데 비용이 더 많이 드는 문제를 안고 있다. 이것은 빠르게 개선되고 있는 태양광, 풍력, 배터리 에너지 비용에 비하여 경쟁력 측면에서 뒤떨어지고 있는 상태이다. 따라서 기술 파괴의 역사에서 볼 때 원자력은 새로운 청정에너지에 비해 경쟁력이 떨어지는 기술로 전락해 있다.

원자력의 또 다른 문제는 일본의 후쿠시마 사고에서 살펴볼 수 있듯 환경파괴에 치명적 사고를 일으킬 가능성이 있다는 점에 있다. 일본은 2011년 후쿠시마 사고 이후 신속하게 원자력 발전을 단계적으로 중단하여 2010년 기준 일본 전력의 25% 이상을 차지했던 원자력을 불과 2년 후 2% 미만으로 떨어뜨리는 일을 감행했다.

마크롱 대통령이 이러한 기술 파괴의 원리를 알고 있다면 무려 14개나 되는 새로운 원자력 발전소를 건설한다는 계획을 함부로 발표할 수 없을 것이다.

EU를 변화시킬
독일의 청정에너지로의 전환

러시아의 우크라이나 침공으로 에너지 문제에 직격탄을 맞은 것은 프랑스뿐만 아니라 EU 전체라고 해야 할 것이다. EU는 이러한 문제해결을 위해 러시아로부터의 석유 및 가스 수입에 대한 의존도를 근본적으로 재고하고 있다.

RethinkX는 이러한 사태를 지켜보면서 독일의 청정에너지 로드맵을 주목하고 있다. 독일의 청정에너지 로드맵에 의하면 독일은 국가의 전체 에너지 시스템을 화석연료에 지출하는 것보다 적은 비용으로 2035년까지 100% 청정에너지로 전환할 수 있는 것으로 나타나 있다. 이러한 독일의 청정에너지 시스템이 희망적인 이유는 10~15년 안에 화석연료에 의존하는 시대를 영구적으로 끝내고, 전 유럽으로 확산될 수 있다는 점 때문이다.

독일의 청정에너지 로드맵은 RethinkX의 기술 파괴 시나리오와 궤를 같이 한다. 독일은 태양열, 풍력 및 배터리 기술의 최적 배치를 통해 현재 화석연료에 지출하는 것보다 훨씬 적은 비용으로 에너지 자급자족 국가가 될 수 있음을 발견했다. 이 부분에서 RethinkX가 주목하는 점은 이 청정에너지 변환이 단순히 기존 시스템을 대체하는 일대일 대체가 아니라 단계적 변환을 예측하고 있는 부분이다.

RethinkX는 현재 전력 수요가 약 500TWh로 변동하는 독일에 가상 시나리오를 적용해 보았다. 그 결과 독일이 향후 10년 이내에 태양열, 풍력 및 배터리로 이 모든 수요를 충족할 수 있음을 발견했다. 물론 이것은 독일 GDP의 1% 미만(현재 연간 화석연료 보조금보다 적음)에 불과하다. 하지만 이 시나리오보다 20%만 더 높은 투자를 동원한다면 청정에너지 과잉이 발생하게 되고 이것은 독일의 산업 및 제조에 막대한 비용을 절약할 수 있는 결과로 나타나게 된다.

이러한 단계를 밟아 가면 독일은 깨끗하고 값싼 에너지 과잉이 사회 전반에 걸쳐 전례 없는 기회를 열어주는 새로운 시대로 진입하게 된다. 이것은 독일이 '기적'이나 '혁신적인' 에너지 기술을 기다릴 필요가 없다는 것을 의미한다. 이미 확장되고 있는 기존 기술을 배치하여 진정한 독립과 자급자족의 미래를 가속화할 수 있기 때문이다.

이러한 독일의 시나리오는 전 유럽을 위한 기회로 확산시킬 수 있다는 점에서 고무적이다. RethinkX의 새 논문은 독일에 초점을 맞추고 있지만 이것은 유럽 전체에도 큰 영향을 미칠 수 있다. 독일의 데이터가 과학적, 논리적으로 증명된다면, 나머지 유럽 국가들도 그렇게 할 수밖에 없을 것이기 때문이다.

우리가 여기에서 얻을 수 있는 교훈은 청정에너지로의 변환이 '고통스러운 희생'에 의해 이루어지는 것이 아니라는 점이다. 이것은 기존 기술 파괴라는 RethinkX의 이론에 의해 달성되어지는 역사적이고 독특한 기회인 것이다.

2

기후재난이 가져온
정치·경제 변화

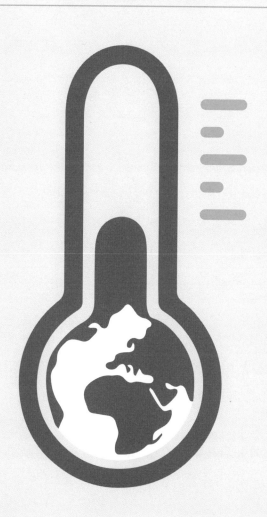

국제적 대응기구,
유엔기후변화협약(UNFCCC)

인류가 기후 문제에 대해 심각성을 인지한 것은 그리 오래된 일이 아니다. 1970년대 말이 될 무렵 과학자들 사이에서 지구온난화가 지구 위기를 불러올 것이라는 이야기가 나돌기 시작했다. 이러한 경고를 정치권이 받아들이기까지는 이후 몇 년의 시간이 더 필요했다.

기후위기는 단지 한 국가만의 문제가 아니며 국제간 협력이 필요한 문제였다. 이에 1987년 제네바에서 기후변화에 관한 정부간 패널IPCC이 결성되었으며, 1988년에는 캐나다 토론토에서 공식적으로 지구온난화에 대한 국제협약이 체결되기에 이르렀다. 이 협약은 여러 과정을 거쳐 1992년 6월 리우회담에서 정식으로 채택되었으며 1994년 3월 21일부터 공식적으로 발효되므로 유엔기후변화협약UNFCCC이 발족하기에 이르렀다.

당시의 사고 수준은 지구온난화의 문제가 심각한 위험을 초래할 수 있다는 사실을 알아차리고 이를 방지하기 위해 지구온난화의 주범인 온실가스의 방출을 규제해야 한다는 것에까지 와 있었다. 이 내용을 담은 것이 유엔기후변화협약이었으며, 협약 내용은 인위적으로 배출하는 탄소의 양을 규제하는 것에 초점이 맞춰져 있었다.

이를 기준으로 기후변화협약 가입국에는 탄소배출 규제에 관한 의무사항이 주어졌는데, 이때 의무사항은 일반 의무사항과 특별 의무사항으로 나뉘어 적용되었다. 즉 일반 의무사항은 개발도상국과 선진국 모두에게 적용되었으며 특별 의무사항은 선진국에만 적용되는 식이었다.

우리나라는 일찍이 기후 문제의 심각성을 인지하여 1993년 12월에 47번째 국가로 가입하였다. 이 협약에 가입한 나라들은 기후위기 대응을 위한 국가적 계획을 작성하고 온실가스의 배출량과 제거량을 조사하여 보고해야 하는 의무를 지게 되었다.

유엔기후변화협약 당사국 총회를 COP라고 하는데, 이는 유엔기후변화협약 당사국들의 이행방안을 논의하기 위한 최고의사결정기구다. COP26, COP27 등 COP 뒤에 붙는 숫자는 유엔기후변화협약 당사국 총회가 열린 횟수를 뜻한다. 즉 COP26은 제26차 유엔기후변화협약 당사국 총회이고, COP27은 제27차 유엔기후변화협약 당사국 총회다. COP27은 2022년 이집트에서 열린다.

현재까지 유엔기후변화협약이 작성한 종합보고서에 따르면 각국의 파리협정 이행사항은 목표 달성에서 한참 뒤진 것으로 나타났다. 이에 대한 대응으로 COP26에서는 매년 더 강력한 계획을 수립하도록 하는 결정이 내려졌다. 또한 COP26에서는 각국 정부가 개발도상국에 더 많은 지원을 제공할 필요성에 동의하고 재정을 두 배로 늘릴 것을 촉구했다. 이에 더하여 유엔기후변화협약 사무총장은 탄소배출 저감, 기후변화 영향에 대한 적응, 기후재정 등을 포함하여 COP27까지 구체적인 진전이 필요한 분야를 강조했다. 또 1.5도의 목표를 유지하려면 "모든 사람이 기후변화의 원인과 영향을 이해하고 교육을 받고 기후위기 해결에 기여할 수 있어야 한다"고 강조했다.

기후변화협약을 위한
교토의정서와 파리기후협약

유엔기후변화협약을 적극적으로 이행하기 위해 1997년 12월 일본 교토에서 유엔기후변화협약에 가입한 160개 당사국들이 모여 총회가 열렸다. 이를 교토의정서라 부르는데 교토의정서가 유명해진 까닭은 이 총회에서 전 세계의 온실가스의 종류를 명시하고, 이러한 온실가스 감축 목표를 구체적으로 정했기 때문이다.

교토의정서에서 구체적으로 규정한 온실가스는 총 6가지로 이산화탄소, 메탄, 아산화질소, 과불화탄소, 수소불화탄소, 육불화황 등이 그것이다. 이때 온실가스 배출권의 이름을 탄소배출권이라 부르는 까닭은 이 온실가스들 가운데 배출량이 가장 많은 것이 이산화탄소이기 때문이다. 한편 이 회의에서 당사국들은 2012년까지 전 세계의 이산화탄소 배출량을 5.2% 줄이기로 합의하였다.

이때 각 국가별 이산화탄소 배출량 목표가 주어질 때 유럽연합(EU)은 평균 8%, 미국은 7%, 일본은 6%… 등으로 각국의 사정에 따라 각각 다른 비율이 주어진다. 이산화탄소 배출 규제가 주어진 국가들은 대부분 선진국에 해당하고 저개발국에 대해서는 강제성이 주어지지 않았다.

한편 교토의정서는 1997년 총회가 열려 기후협약이 채택되었으나 채택과 동시에 효력이 발효되지는 못했다. 왜냐하면 주요 참가국들의 경제 침체에 대한 우려 때문이었다. 사실 당시 기술로 탄소배출을 줄이기 위해서는 공장 가동을 줄이는 방법밖에 없었는데 이는 곧 경제에 심각한 피해를 줄 수도 있는 상황이었다. 이에 미국과 호주가 먼저 교토의정서에서 탈퇴하는 사태가 벌어졌다. 교토의정서는 55개국 이상이 찬성하여야 협약이 발효되는 조건이 걸려 있었다.

이러한 이유로 교토의정서는 지지부진한 상태로 발효되지 못하고 있었다. 하지만 당시 세계 경제의 중심축을 이루고 있었던 EU는 기후 협약 비준에 매우 적극적이었다. 이에 꾸준하게 여러 국가들을 설득한 결과 2004년 러시아가 비준서를 제출하므로 비로소 55개국 조건이 충족되었다. 그리고 교토의정서가 채택된 지 무려 8년 만에 발효하게 되었다.

기존 기후변화협약인 교토의정서의 효력은 2020년 만료되는 것

으로 되어 있었다. 그뿐만 아니라 교토의정서에는 선진 37개국에
만 온실가스 감축 의무를 부과했었는데, 미국이 반발하며 거부하
는 일이 일어났고 뒤이어 일본·캐나다·러시아·뉴질랜드 등도 잇
따라 탈퇴하거나 불참하는 사태가 발생했다. 이에 따라 새로운 유
엔기후변화협약UNFCCC 당사국 총회가 필요하게 되었다.

2015년 12월 12일 파리에서 유엔기후변화협약 당사국 195개국
이 모여 총회가 열렸는데 여기에 미국 등 이전 거부국들이 참석했
다는 데 의의가 있다.

파리기후협약에서 논의한 주요 내용은 교토의정서에서 다루지
않은 지구 평균온도에 관한 부분이다.

기후변화에 관한 정부간패널IPCC의 분석에 의하면 지구 평균기
온이 산업화 대비 2℃ 상승할 경우 △10억~20억 명 물 부족 △생
물종 중 20~30% 멸종 △1,000~3,000만 명 기근 위협 △3,000여
만 명의 홍수 위험 노출 △여름철 폭염으로 인한 수십만 명의 심장
마비 사망 △그린란드 빙하, 안데스 산맥 만년설 소멸 등이 발생
할 것으로 예측하고 있었다. 이에 산업화 이전 대비 지구 평균온
도가 2도 이상 상승하면 위험을 초래하게 되므로 지구 평균온도가
2도 이상 상승하지 않도록 유지해야 한다는 목표를 내세우고 있
었다.

하지만 환경단체 등에서는 2도의 목표가 너무 낮다며 계속해서

비판을 이어갔고, 파리기후협약에서는 이에 대한 비판을 받아들여 지구 평균온도의 상승을 2도보다 훨씬 낮게 유지할 뿐 아니라 상승 온도를 1.5도까지 제한하도록 한다는 내용을 담기에 이르렀다.

경제와 환경,
두 마리 토끼를 잡는 그린뉴딜

최근 기후위기의 문제는 단지 국가간 협력의 차원을 넘어 각 나라 자체의 정치, 경제에까지 커다란 영향을 주는 단계로 발전하고 있다. 그래서 등장한 것이 '그린뉴딜'이다. 그린뉴딜이란 녹색산업 정책을 뜻하는 말로 지구의 기후변화 문제에 대한 새로운 해결책으로 주목받고 있다.

그린뉴딜은 그린과 뉴딜의 합성어다. 여기서 그린은 녹색을 뜻하는 영어 Green이고 뉴딜New Deal은 미국의 루스벨트 대통령이 1933년 당시 세계 경제공황을 극복하기 위하여 시행한 경제 부흥 정책을 뜻한다. 따라서 그린뉴딜이란 국가 주도로 이루어지는 녹색산업의 성장을 통한 경제 부흥 정책을 뜻한다고 할 수 있다.

인류는 산업혁명과 과학기술의 발달로 역사상 그 어느 때보다 편리하고 풍요로운 초고도 현대문명의 혜택을 누리고 있다. 하지만 기후위기라는 괴물 앞에서 인류는 새로운 기술과 산업이라는 국면을 맞이하고 있는 것이다.

지금까지 인류가 이룬 현대 에너지산업과 물질문명은 발전하면 발전할수록 환경은 파괴되고 오염되는 모순 속에 있다. 하지만 그린뉴딜이 이끄는 녹색산업은 환경을 보호하면서 경제도 발전시키는 산업이기에 이런 문제에서 벗어날 수 있다. 만약 그린뉴딜이 성공한다면 놀라운 결과가 일어난다. 일단 지구 환경 문제가 해결되기에 기후변화에 대한 두려움에서 벗어날 수 있다. 천연에너지를 사용하기에 에너지 고갈에 대한 문제도 해결될 수 있다. 더욱 기대되는 것은 끝없는 경쟁과 성장 구도로 치닫던 세계 경제가 상생과 안정의 경제 구조로 재편될 수도 있다는 점이다.

지금 서구 유럽을 비롯한 미국, 일본, 중국 등 주요 국가들에 의해 그린뉴딜이 활발히 진행되고 있다. 이는 단순히 탄소 배출을 규제하는 것에 초점을 두었던 교토의정서, 파리기후협약의 정신을 실천하면서 경제부흥도 함께 추진하겠다는 각국의 의도에서 출발한 것으로 이해할 수 있다. 무엇보다 그린뉴딜은 기존의 탄소 경제의 한계를 실감하면서 이에 대한 새로운 돌파구로 나타난 새로운 경제 시스템이라고도 볼 수 있다. 즉 그린뉴딜은 기후위기와 경제성장의 두 마리 토끼를 잡기 위한 인류의 새로운 시도로 이해할 수 있다.

친환경 인프라 건설에 2조 달러를 투자한 미국

미국의 그린뉴딜은 오바마 대통령 때부터 본격적으로 추진되었다. 하지만 트럼프 대통령이 경제성장을 이유로 파리기후협약을 탈퇴하는 등 그린뉴딜에 제동을 걸었고, 이에 오바마 대통령이 속했던 민주당이 반발하며 '그린뉴딜 결의안'을 발표하기에 이른다.

결국 46대 미국 대통령 선거에서 민주당의 조 바이든이 당선되면서 미국의 그린뉴딜은 본격화하게 되었다. 바이든 정부의 그린뉴딜 핵심목표는 "2050년까지 '탄소배출 제로'를 위해 10년간 대대적인 투자를 하겠다"는 것이다. 미국의 구체적 그린뉴딜 내용을 정리하면 다음과 같다.

1) 모든 미국인을 위한 청정한 대기와 물, 기후 및 건강한 음식, 자연에 대한 접근과 지속가능한 환경을 보장하고 취약계층에 대한 정의와 공정성 증진

2) 미국 전력수요를 탄소 배출하지 않는 청정한 재생에너지로 충족

3) 자원 효율적인 신개념 건물의 구축과 노후 건물의 개선

4) 오염물질과 온실가스 배출이 없는 교통체계의 수립과 청정하고 합리적 가격의 대중교통과 초고속열차 사업 추진

5) 기후변화와 환경오염으로 인한 국민의 장기적인 건강관리 및 부작용 완화

6) 자연생태계 복원을 통한 대기 중 온실가스 감축

7) 유해폐기물에 의해 버려진 땅의 정화

미국은 기후변화 친환경 인프라(생산 활동에 필요한 사회 기반시설) 건설에만 2조 달러(약 2,200조 원)를 투자한다고 발표했다. 이는 우리나라 1년 예산의 4배가 넘는 엄청난 금액으로 향후 미국 경제성장의 방향을 예측할 수 있다. 이에 따라 우리나라를 비롯한 세계 각국 기업들의 투자도 이어지고 있다.

미국과 가장 활발한 교역 국가인 우리나라의 기업들도 미국의 막대한 투자계획에 반응하고 있다. 대표적 예가 현대차그룹이다. 미국의 조 바이든 대통령은 대통령 공약으로 '친환경차 산업에서 100만 개 일자리 창출'을 내걸었었다. 이에 친환경 전기차 부문에 경쟁력을 갖고 있는 현대차그룹이 미국의 전기차 생산을 위한 대규모 투자에 나섰다. 현대차그룹은 미국의 전기차 신규 수요 창출에 대응하기 위해 안정적으로 전기차를 공급할 수 있는 시스템을 갖추는 것을 목표로 투자에 나서고 있다.

수소전략을 내세운 유럽그린딜

2019년 12월, 유럽연합EU 국가들이 모여 유럽그린딜European Green Deal을 발표했다. 유럽그린딜에는 2050년까지 세계 최초로 탄소중립 대륙이 되겠다는 핵심목표를 달성하기 위해 1조 유로(1,350조 원) 이상을 투자할 계획을 담고 있다. 1조 유로의 금액도 엄청난 투자금액이 아닐 수 없다. 이에 유럽과 무역을 진행하는 각국에 비상이 걸렸다. 왜냐하면 유럽그린딜의 내용에 탄소세, 미세플라스틱 제한 등 각종 규제정책들이 포함되어 있기 때문이다. 유럽그린딜의 주요 내용을 참고하여 각국은 투자계획을 세우고 있다.

1) 2030년까지 이산화탄소 55% 감축 목표

2) 온실가스 배출량이 많은 유럽 대륙 내 국가에게
탄소국경세 부과하는 정책 도입

3) 식품용기, 식기류, 위생용품, 식품포장재,
담배필터, 화장품, 생활용품, 건축용품 등에 미세플라스틱 사용 제한하기

4) 깨끗하고 안전한 에너지 공급하기

5) 공정하고 건강하며 친환경적인 식품 공급하기

6) 지속가능한 스마트 교통수단으로 전환하기

7) 생태계를 보전하고 건강한 생태계로 복원하기

8) 고효율의 에너지 및 자원으로 건축하고 리모델링하기

유럽그린딜에서 주목할 점은 'EU 수소전략'이다. 즉 수소를 경제 활성화와 에너지 전환을 위한 핵심요소로 잡고 있는 부분이다.

한편 코트라KOTRA는 "우리나라가 수소 전기차 생산 등에서는 상위권에 속해 있으나, 원천기술적인 면에서는 선진국에 비해 떨어진다"는 평가를 하고 있다. 우리나라 기업이 유럽그린딜의 투자를 잘 활용하기 위해서는 무엇보다 수소를 상용화할 수 있는 기술개발이 급선무인 것이다.

석탄발전을 중단하는 독일

EU 국가들 중 그린뉴딜에 가장 발 빠르게 대처한 나라 중 하나가 독일이다. 독일은 2020년 10월 코로나로 인한 경기침체를 회복하기 위해 경기활성화 투자계획을 발표하면서 녹색산업 활성화에 대한 투자계획을 알렸다.

재생에너지 전기요금 보조금으로 110억 유로를 투자하고, 그린 수소에너지에 90억 유로를 투자하기로 했다. 또 전기차 구매보조금에 56억 유로, 전기차 충전소 확장에 25억 유로, 그린 리모델링에 20억 유로를 책정했다. 이를 모두 합하면 301억 유로(약 41조 원)에 달하는 엄청난 금액이다.

독일의 그린뉴딜에서 주목할 점은 수소에너지산업에 무려 90억 유로의 대규모 투자를 한다는 점과 전기차 부문에도 81억 유로를 투자한다는 점이다. 이는 앞으로 수소에너지와 전기차 부문이 크게 발전할 것으로 예상할 수 있다. 이러한 독일의 그린뉴딜 투자 방향은 유럽 전체의 분위기를 대변한다는 점에서 주목할 필요가 있다. 이에 따라 유럽을 대상으로 하는 전 세계의 수소에너지와 전기차 관련 기업들이 발 빠르게 움직이고 있다.

사실 독일은 유럽 최대의 전력 소비국으로서 탄소배출량이 매우 높아 세계 6위를 기록하기도 했다. 이를 자각한 독일정부는 2050년까지 온실가스 배출을 80~95%로 감소하는 내용을 포함한 핵심 정책 문서Energiewende(에너지전환)를 발행했다. 이후 2022년까지 원자력을 단계적으로 폐지하기로 결정했으며, 2030년까지 석탄발전도 중단하기로 결정했다.

이에 따라 2020년대 전반기에 독일의 북부, 서부, 남부에서 많은 공장이 자발적으로 오프라인 상태가 되었다. 정부는 의무적으로 독일 전국 각 16개 주 토지면적의 2% 이상에 풍력발전을 제공해야 한다. 또 신규로 지어지는 상업용 건물의 지붕에는 태양열 에너지를 포함하는 것이 의무화되었다.

독일은 또한 2035년까지 내연기관 자동차를 단계적으로 폐지한다는 유럽연합의 목표에 따라 약 1,500만 대의 전기자동차를 생산하여 실제 현장에서 사용하고 있다.

화석연료 사용을 완전히 중단하는 영국

산업혁명의 시작점이었던 영국은 스모그 등으로 일찍이 환경오염에 눈을 뜨기 시작했다. 그런 점에서 영국은 세계에서 가장 먼저 그린뉴딜과 유사한 정책을 펼친 나라로 볼 수 있다. 그린뉴딜이 나오기 한참 전인 2007년 영국은 세계 최초로 탄소라벨링 제도를 실시했는데 이것은 식품에 칼로리를 표기하는 것처럼 각 제품에 탄소배출량을 표시하는 제도다. 이것은 전 세계에 영향을 끼쳐 세계 여러 나라에 도입되었으며 우리나라도 이를 받아들여 2009년 4월 15일 탄소라벨링이 부착된 제품들을 시장에 첫 선보였다.

영국의 그린뉴딜에서 가장 주목할 부분은 2050년까지 전력 생산에 사용되는 화석연료를 완전히 추방한다는 목표다. 이와 관련하여 도시에서도 화석연료를 사용하지 않는 탄소제로 도시를 만들기 위하여 노력하고 있다. 하지만 이 모든 것들은 결국 화석연료를 대체할 에너지가 개발되었을 때 가능하므로 단기적 계획을 세우는 것도 필요하다.

영국은 또한 2030년까지 68%의 온실가스 감축을 목표로 내세웠는데 이는 주요 선진국 중 가장 높은 수치다. 이를 위해 영국은 이산화탄소를 덜 발생시키는 기술개발과 에너지 절약을 위한 주택 리모델링 사업에 힘쓰고 있다.

우리나라의 기업 투자와 관련하여 영국의 그린뉴딜에서 주목할 부분은 최대 25만 개의 녹색일자리 만들기다. 영국은 녹색일자리를 만들기 위한 중점 추진분야로 친환경자동차, 재생에너지, 건물 에너지 효율화 등을 내세웠다. 따라서 우리나라 기업들은 이와 관련된 기술과 산업 부문을 발전시켜 영국의 투자 계획에 대비해야 할 것이다.

수소에너지에 주목하는 프랑스

프랑스 정부는 2020년 9월 코로나로 인한 경기침체를 극복하기 위하여 1천억 유로의 투자계획을 발표했는데 여기에 그린뉴딜이 포함되어 있다. 구체적 그린뉴딜의 투자계획을 보면 친환경에너지 분야에 300억 유로, 에너지 효율을 높이기 위한 공공건물과 주택 건축 및 리모델링에 60억 유로, 수소에너지산업 지원에 총 70억 유로다. 프랑스의 수소에너지산업 투자에는 비행기나 선박에서의 수소 연료전지 사용, 각종 교통수단을 위한 수소 연료전지 및 수소저장장치 개발, 그린수소를 생산하기 위한 시설 등이 포함된다.

프랑스의 그린뉴딜에서 주목할 점은 미래에너지에 많은 투자를 한다는 사실이다. 결국 그린뉴딜의 성공여부가 미래에너지 기술에 달려 있기에 핵심을 잘 짚었다고 볼 수 있다.

그린뉴딜과 관련하여 프랑스가 전 세계적 주목을 받은 사건이 있었으니 일명 '블랙 프라이데이 방지법'이다. 블랙 프라이데이(1년 중 가장 큰 폭의 세일 시즌이 시작되는 날)가 다가오면 사람들이 무분별하게 쇼핑을 하게 되면서 막대한 쓰레기가 생겨난다. 이런 문화를 배격해야 한다는 차원에서 프랑스는 2020년에 폐기물 방지 및 순환경제법을 채택하기에 이르렀다. 물론 이 법이 채택되는 과정에서 저항이 없었던 것은 아니다. 쇼핑단체들의 막강한 반대에 부딪히기도 했다. 그럼에도 불구하고 서구 유럽에서 최대 관심사는 환경문제였기에 이를 막지 못했다.

결국 프랑스의 환경단체 등의 노력으로 이 법이 채택되기에 이르렀다. '블랙 프라이데이 방지법'에는 쇼핑단체들의 대규모의 판촉행사를 막는 내용과 막대한 재고품들의 폐기를 금하는 내용을 담고 있다.

중국과 일본의 그린뉴딜

중국은 2021년 「중국의 생물다양성 보호」 백서를 발표했는데 핵심내용은 "2035년까지 국유림, 초원, 습지, 사막 생태계의 품질과 안정성을 전면적으로 향상시킨다"는 것이다. 구체적으로는 향후 5년 동안 매년 벨기에보다 넓은 35,000km²에 달하는 새로운 삼림을 만들 계획을 발표했다. 특히 북부와 서부에 있는 가뭄에 취약한 지역에 대대적인 산림녹화를 진행할 계획이라고 했다.

중국이 2050년까지 이 프로젝트를 잘 진행하면 새로운 산림 지역은 대기에서 약 4.3기가톤의 탄소를 제거할 수 있게 된다. 또한 중국은 삼림 프로젝트에 사용할 수 있는 총 4,020만 헥타르로 추정되는 더 많은 토지를 보유하고 있는데 이것까지 완전히 활용한다면 10.1기가톤의 탄소를 제거할 수 있다. 만약 이 프로젝트가

2060년대 초까지 잘 진행된다면 중국은 비로소 탄소 중립에 도달할 수 있다는 계산이 나온다.

일본은 교토의정서가 열린 나라인 만큼 일찍부터 기후위기에 눈을 뜬 나라 중 하나라고 할 수 있다. 그린뉴딜이 등장하기 전인 2009년에 이미 '녹색성장과 사회변혁' 정책을 발표했는데 여기에 에너지 절약형 가전제품이나 자동차 등을 보급하고 환경 분야 투자를 확대한다는 내용이 담겨 있다.

이후 일본은 2018년 '수소기본전략'이라는 것을 발표했는데 이것이 본격적 그린뉴딜의 일환이라고 볼 수 있다. 여기에는 친환경 수소에너지를 발전시키기 위해 2030년까지 수소차 80만 대를 보급한다는 것과 수소충전소 등의 기반시설을 세운다는 내용이 포함되어 있다.

수십만 일자리를 창출하는 한국의 그린뉴딜

코로나19로 경기가 침체된 가운데 2020년 7월 14일 우리나라 정부가 침체된 경제를 끌어올리기 위해 고심 끝에 내놓은 계획이 바로 '한국판 뉴딜'이다. 한국판 그린뉴딜에 의하면 정부는 2025년까지 그린뉴딜에 73조 4,000억 원을 투자하여 일자리 65만 9,000개를 만들 계획을 세우고 있다. 이것은 우리나라 경제규모에 비하여 엄청난 투자라 할 수 있다. 이는 환경을 거스르는 산업은 지속발전 가능성이 적으므로 비록 초기 투자 비용이 좀 더 많이 들어가더라도 지속발전이 가능한 환경친화적 산업에 투자하려는 의지에서 출발한 것이라 볼 수 있다.

한국판 그린뉴딜의 핵심정책은 크게 그린도시, 그린에너지, 그린산업 등 세 가지로 나눌 수 있다. 즉 한국판 그린뉴딜은 친환경

그린에너지를 바탕으로 도시의 생활공간을 친환경 녹색 공간으로 바꾸고 산업시설도 녹색 생태계로 전환시키겠다는 계획으로 이루어져 있다고 볼 수 있다.

• 한국판 그린뉴딜의 3대 중심축 •

도시 · 공간 · 생활
인프라
녹색 전환

저탄소 · 분산형
에너지 확산

녹색산업
혁신 생태계 구축

　　그린뉴딜을 성공시킬 수 있는 사실상 핵심 기술은 그린에너지 기술이 될 것이다. 환경을 파괴하는 주범이 결국 에너지원(연료)에서 나오기 때문이다. 현재의 화석에너지나 기타 원자력에너지 등은 환경파괴를 일으키는 원인이 되고 있고 또 자원의 저장량도 한계가 있기에 지속 가능한 에너지가 될 수 없다. 따라서 미래 에너지원으로는 환경파괴를 일으키지 않으면서도 지속 사용이 가능한 태양광이나 풍력 등과 같은 신재생에너지로 바뀌어야 할 것이다.

　　한국판 그린뉴딜에서는 이 그린에너지산업을 위해 2025년까지 35조 8천억 원을 투자하여 일자리 20만 9천 개를 만들 계획이다.

도시를 오염시키는 것은 비단 자동차나 공장뿐만이 아니다. 도시의 모든 건물에서 나오는 오염가스와 오염물질들도 큰 문제다. 도시는 자동차만큼이나 많은 건물들이 도시를 꽉 채우고 있으니 얼마나 많은 오염가스와 오염물질들이 나오겠는가. 사람들이 실제 생활하는 공간의 환경을 바꾸지 않고서 친환경운동을 한다는 것은 불가능하다.

이 문제의 해결을 위하여 한국판 그린뉴딜에서는 녹색 도시 건설을 계획하고 있다. 이를 위하여 2025년까지 30조 1천억 원을 투자하여 일자리 38만 7천 개를 만든다.

오늘날 우리는 각종 산업에서 수많은 물품을 생산하고 있기에 과거에는 상상하지 못할 풍족한 생활을 누리고 있다. 하지만 이런 산업시설에서 나오는 오염 물질 또한 자연환경을 크게 훼손하고 있는 것도 사실이다. 이에 그린도시와 더불어 그린산업이 이루어져야만 우리는 친환경적 삶을 누릴 수 있다. 이 때문에 한국판 그린뉴딜에서는 그린산업을 구축하는 것도 중요한 목표에 포함시키고 있다. 이에 정부는 그린산업을 위하여 2025년까지 7조6천억 원을 투자하여 일자리 6만 3천 개를 만들 목표다.

기후변화에 대처하는 디지털 기업

　최근 세계 최대의 온라인 스트리밍 서비스OTT 기업으로 떠오른 넷플릭스는 기후변화에 동참해야 한다는 점을 인정하면서도 아직 어떤 목표를 발표하지 있지 않다. 넷플릭스는 거창한 목표를 내세우는 대신 다른 방향으로 기후변화에 참여할 계획을 추진하고 있다.

　우리는 세계 최대의 디지털 플랫폼으로 떠오른 넷플릭스를 보면서 탄소배출에 영향을 끼친다는 생각을 잘 하지 못한다. 하지만 국제에너지기구International Energy Agency에 따르면 1시간의 스트리밍 비디오를 보는 동안 약 36g의 이산화탄소가 배출되는 것으로 밝혀졌다. 이는 자동차를 100미터 운전하는 것과 동일한 수치다.

오늘날 기후변화에 대한 관심은 넷플릭스와 같이 온라인 서비스를 제공하는 기업에게까지 영향을 미치고 있다. 디지털 서비스의 소비 증가가 탄소발자국[4]의 증가로 이어지고 있기 때문이다. 이처럼 디지털 중심의 기업들이 기후변화에 대처하는 방법으로 DIMPACT 프로젝트가 떠오르고 있다. DIMPACT 프로젝트는 디지털 미디어 콘텐츠 회사들이 배출량을 측정하고 이를 줄이기 위해 노력할 수 있는 도구로 개발되었다.

DIMPACT는 회사가 배송 체인 내에서 배출되는 핫스팟을 식별하고 배출량을 줄일 수 있는 방법을 탐색할 수 있는 위치를 이해하는 데 도움을 주는 도구이다. 인터넷을 통해 데이터 스트림을 전송하는 데 필요한 에너지와 같은 기타 자료는 DIMPACT 팀에서 개발하여 제공하고 기업은 탄소 배출량의 분석을 통해 전체 탄소발자국을 식별할 수 있게 되는 방식으로 구성되어 있다.

넷플릭스는 이러한 DIMPACT 프로젝트에 적극적으로 참여하고 있다. 그뿐만 아니라 BBC, Sky 등 주요 16개 디지털 기업(넷플릭스를 포함)들이 가입하여 기후운동에 동참하고 있다.

---

4 개인 또는 기업, 국가 등의 단체가 활동이나 상품을 생산하고 소비하는 전체 과정을 통해 발생시키는 온실가스, 특히 이산화탄소의 총량을 말한다(출처: 두산백과).

기후변화 대응 정책으로 성공한 테슬라

'테슬라' 하면 대표적인 미래형 전기자동차 기업으로 인식되어 있다. 실제 테슬라는 전기자동차뿐만 아니라 에너지저장장치ESS 등 미래에너지 관련 사업에도 힘을 쏟고 있다. 즉 테슬라와 관련된 모든 제품은 이미 화석에너지 시스템을 쓰지 않는 친환경에너지 시스템으로 구성되어 있는 것이다. 이것은 이미 기후변화에 대해 확고한 인식을 가지고 있었던 일론 머스크가 CEO로 있었기 때문에 가능한 일이다.

그런데 이상한 점은 이런 친환경 기업인 테슬라가 RE100(기업이 사용하는 전력 100%를 재생에너지로 충당하겠다는 캠페인)에 가입하지 않았다는 사실이다. 그렇다면 테슬라는 탄소중립에 반대하는 걸까? 내용을 보면 전혀 그렇지 않다. 테슬라는 이미 탄소배출권 거래로 막대한 이익을 올리는 기업으로 유명하다. 탄소배출권 거래란 탄소배출 규제에 대응하여 탄소배출을 적게 하는 기업이 많게 하는 기업에게 탄소배출권을 팔 수 있는 제도다. 즉 휘발유 자동차를 생산하는 기업은 전기자동차를 생산하는 기업에서 탄소배출권을 사와야 규제에 대응할 수 있다. 테슬라는 이를 통하여 5년간 무려 33억 달러(약 4조 원)의 돈을 벌어들였다. 놀라운 것은 막대한 투자를 필요로 하는 테슬라가 적자를 면하는 이유가 바로 이 탄소배출권 판매 때문이라는 사실이다. 즉 테슬라는 기후변화 대응 정책 덕분에 성공한 대표적 기업인 셈이다.

테슬라는 비록 RE100에 가입하지 않았지만 RE100에 준하는 행동을 이미 옮기고 있다. RE100의 특징 중 하나는 가입한 기업만 RE100을 달성한다고 RE100이 인정되는 것이 아니라 그 기업과 관련된 모든 협력사까지 RE100을 달성하여야 비로소 인정되는 제도라는 점이다. 그런데 테슬라는 이미 협력업체들에게 강력하게 친환경적 협조를 요구해 오고 있었다. 이것만으로도 이미 테슬라의 탄소중립에 대한 확고한 의지를 읽을 수 있다.

협력사까지 재생에너지 시스템을
달성한 구글, 애플, 페이스북

RE100에 가입한 글로벌 기업들은 애플과 구글, 페이스북, 마이크로소프트, GM 등 총 320개가 넘는다. 그런데 이 중 구글, 애플, 페이스북 등의 기업들은 이미 RE100을 달성하였다고 발표하여 놀라움을 자아내고 있다. RE100은 자사의 모든 에너지 시스템을 재생에너지로 전환할 뿐만 아니라 협력사까지 재생에너지 100%로 전환한 상태를 나타내기 때문이다.

놀랍게도 2020년 기준 전체 RE100 가입 기업 중 무려 61개 기업이 RE100을 달성했다고 보고했다. 여기에 애플과 구글, 페이스북 등이 포함되어 있다. 선진 글로벌 기업들은 이미 오래전부터 기후변화의 심각성을 인지하고 미래의 성장 동력으로 재생에너지를 받아들였기에 이런 결과가 나오는 것이라고 봐야 한다.

애플과 마이크로소프트는 탄소중립의 목표를 2030년까지로 앞당겨 달성할 계획이라고 밝혔다. 구글 역시 2030년까지 24시간 무탄소 에너지를 달성하는 최초의 기업이 되는 것을 목표로 일을 진행하고 있다.

이런 가운데 구글이 제일 먼저 2017년도에 RE100을 달성했다고 선언했고, 뒤이어 애플이 2018년도에 RE100 달성을 선언하였다. 페이스북은 2020년도에 이르러 RE100 달성을 선언하기에 이르렀다.

이러한 글로벌 기업들의 RE100 달성에 주목하여야 하는 이유는 RE100이 협력업체까지 재생에너지 100%를 요구하고 있기 때문이다. 따라서 우리의 기업들이 하루 빨리 RE100을 달성하지 못할 경우 글로벌 기업들과의 거래에서 막대한 손해를 볼 것은 불 보듯 뻔하다.

테슬라 뒤를 잇는 현대차그룹

RE100에 대해 자세히 설명하자면, RE는 재생에너지를 뜻하는 영어 'Renewable Energy'의 이니셜을 따 만들어진 것이며 100은 '100%'의 약자다. 따라서 RE100이란 재생에너지 100%를 달성하겠다는 구호 같은 것으로 2050년까지 기업의 사용 전력량을 100% 재생에너지로 충당해야 한다는 캠페인이다.

RE100은 정부 주도가 아닌 기업의 자발적인 참여로 이루어진다는 점에서 경제에 또 다른 영향을 주고 있다. 2021년 6월 말 기준 전 세계 310여개 기업이 동참하고 있으며 우리나라에는 2021년 말 기준 74개 기업이 RE100에 참여하고 있는 상태다. 안타까운 것은 '한국형 RE100(K-RE100)'이 도입된 지 1년이 지났지만 실질적인 기업들의 움직임은 저조한 상태에 머물러 있다는 점이다. 가장 큰 이유는 이것을 기업에 적용하기에는 너무 많은 비용이 들기 때문이다. 이 부분과 관련하여서는 정부의 정책적 지원도 필요한 상황이다.

RE100은 모든 기업을 대상으로 하는 것이 아니며 연간 100GWh 이상의 전력을 사용하는 기업만을 대상으로 한다. 또한 RE100에 참여하게 되는 기업은 가입 후 1년 내에 재생에너지 확보와 관련된 중장기 계획을 제출해야 하고 이를 매년 점검 받는 방식으로 진행된다.

특히 국내 기업에서는 현대자동차, 기아, 현대모비스, 현대위아, 현대트랜시스 등 현대차그룹 5개 사가 2050년까지 RE100 달성목표를 내세워 주목받고 있다. 현대차 그룹이 이처럼 RE100에 적극적인 이유는 명확하다. 기업의 특성상 탄소중립과 밀접한 관련이 있기 때문이다. 현대차그룹은 2025년까지 23개의 전기차 모델을 출시할 계획이다. 또 차세대 수소 트럭 등 다양한 수소전기차를 선보이고 있을 뿐만 아니라 수소 선박 등에 대한 개발도 박차를 가하고 있다. 궁극적으로 현대차그룹은 자동차 제조에서부터 폐기에 이르기까지 전 과정에서 탄소중립 달성을 목표로 하고 있다.

ESG경영 본격화하는 국내 유통기업

우리나라 유통업계에 ESG경영 바람이 거세게 불고 있다. ESG 경영이란 무엇일까? 시중에 말은 많이 돌고 있지만 그 뜻을 정확하게 아는 사람은 많지 않다.

ESG는 환경Environmental, 사회Social, 지배구조Governance의 약자로, ESG경영이란 기업이 먼저 환경보호(E)에 앞장서야 하고, 사회공헌(S) 활동에도 최선을 다해야 하며, 무엇보다 지배구조(G)에 있어서도 윤리경영을 적극 실천하는 것을 뜻한다.

기존의 기업평가는 대부분 얼마나 많은 이윤을 얻느냐로 결정되었다. 하지만 아무리 많은 돈을 벌더라도 환경을 훼손하거나 사회적 지탄의 대상이 되거나 경영자의 비리로 기업이 망해버린다면 모든 것이 도루묵이 될 수도 있기에 지속가능한 성장을 위한 신개념으로 ESG경영이 등장한 것이다.

따라서 미래의 기업 평가는 얼마나 ESG경영에 앞장서느냐로 평가받을 수 있다. 특히 기후변화가 강조되는 요즘의 ESG경영은 기업경영의 최대 화두로 떠오르고 있다.

이러한 흐름의 변화를 읽은 우리나라 기업들도 앞다투어 ESG경영을 선언하고 있는 상태다. 그중 유통기업들의 ESG경영 선언을 살펴보자.

오리온그룹은 아예 기업 내에 ESG위원회를 설립했다. 이와 관련하여 글로벌 탄소배출 통합관리 시스템을 구축하였으며 이를 통하여 국내외 생산공장의 온실가스 배출 정보를 효율적으로 관리하는 체계를 마련했다. 또한 한국표준협회로부터 우리나라 식품업계 최초로 온실가스 배출량에 대한 제3자 검증을 받아내기도 했다.

LG생활건강도 회사 내 ESG위원회를 설립하고 '2050 탄소중립' 목표를 세웠다. 이는 2050년까지 기업의 탄소중립을 달성하겠다는 것인데 이를 위해 2030년까지 약 2,000억 원을 투자하겠다는 계획이다. LG생활건강이 우선적으로 시행하고 있는 사업은 사업장 조명의 LED 교체, 세척수 재활용 설비 구축, 태양광 설치 등이다.

풀무원 역시 지속성장 가능한 식품기업으로 나아가기 위해 ESG 경영 도입을 선언했다. 풀무원이 중점적으로 추구하는 분야는 '식물성 지향 식품'과 '동물복지 식품' 등이다. 동물복지 식품이란 지속가능 인증을 받은 동물성 원료만을 사용하여 만들어내는 식품을 뜻하며 대표적 예로 동물복지란과 동물복지육이 있다. 또한 식물성 지향 식품을 위해 국내 시장에 식물성 식품 전문 브랜드를 론칭한다.

온실가스 순배출 제로를 추진하는 SK그룹

글로벌 기업들의 탄소중립 목표 시점은 2050년이다. 탄소중립은 말 그대로 온실가스 배출량(+)과 흡수량(−)을 같도록 해서 온실가스가 더 이상 증가하지 않는 상태를 말한다. 이를 다른 말로 온실가스 순배출 제로화한다는 의미로 '넷제로net-zero'라고 부른다. 즉 글로벌 기업들은 넷제로 달성의 시점을 2050년까지로 잡고 있는 것이다.

그러나 SK그룹은 기업 차원에서 기후 위기 극복에 더욱 앞장선다는 의지를 보여주기 위해 넷제로의 달성 시점을 글로벌 기준보다 10년 앞당겨 2040년까지로 결의했다.

SK그룹이 이러한 목표를 달성하기 위해 내세운 구체적 실행방

안은 '데이터센터 에너지 효율화', '친환경 자가발전 투자 등 재생에너지 사용 확대', '밸류체인Value Chain 상 이해관계자와 협력·지원 강화' 등이다. '데이터센터 에너지 효율화'를 첫 번째 과제로 내세운 까닭은 SK 기업 특성상 데이터센터에서 발생하는 온실가스의 양이 기업 전체 배출량의 대부분을 차지하고 있기 때문이다. 재생에너지 사용 확대를 위해서는 판교와 대덕데이터센터에 500kW 태양광 설비를 추가 증설할 계획이다.

신재생에너지의 리더 꿈꾸는 한화그룹

한화그룹이 탄소중립 시대를 선도하고 글로벌 신재생에너지 분야의 리더가 되겠다는 포부를 밝혔다. 이와 관련된 구체적 작업은 그룹 내 에너지 관련 기업인 한화솔루션과 한화종합화학 등에 의해 주도되고 있다.

한화솔루션은 친환경 기술개발의 실질적 해결책을 위해 미국 소프트웨어 업체인 그로윙 에너지 랩스를 인수하였다. 이를 통하여 인공지능(AI) 기술로 기업의 전력 소비 패턴을 분석할 수 있는 역량을 갖추게 되었다.

또한 한화종합화학은 세계적인 가스터빈 업체인 미국의 PSM과 네덜란드의 ATH를 인수하여 국내 최초로 수소 혼소(두 종류 이상의 연료로 하는 연소) 발전 기술을 확보하기도 했다. 수소 혼소 발전 기술이란 친환경 연료인 수소와 천연가스를 함께 연소하여 발전하는 방식을 말한다. 한화는 이 기술을 통하여 이산화탄소 배출량을 획기적으로 줄일 것을 기대하고 있다.

한화그룹은 또한 ESG경영을 본격화하고 있는데 기존의 환경, 사회, 지배구조에 '대외 커뮤니케이션' 분야를 추가하여 진행하고 있다. 한화그룹의 ESG경영에서 주목할 점은 한국기업지배구조원이 발표한 '2020년 상장기업 ESG 등급'에서 그룹 내 6개 상장사 중 ㈜한화, 한화솔루션, 한화에어로스페이스, 한화생명 등 4개사가 A등급을 받았다는 점이다. 이것은 많은 기업들이 ESG경영을 표방하지만 비용 등의 이유로 실제적으로는 소극적인 경우가 많은 데 반해 한화그룹은 ESG경영에 매우 적극적임을 보여준다.

순환경제 추진하는 삼성전자

삼성전자는 주 산업인 반도체 산업의 온실가스 감축뿐만 아니라 자원효율의 극대화, 친환경제품 생산 등을 통한 기후변화 대응 전략을 구축하고 있다.

삼성전자의 기후변화 대응에서 특히 주목할 점은 순환경제의 원칙 아래 모든 계획들이 추진되고 있다는 점이다. 순환경제란 기존의 선형경제에 대비하여 생겨난 개념이다. 친환경 개념이 등장하기 전까지 인류의 생산과 소비 방식은 자원의 조달 – 생산 – 소비 – 폐기로 이어지는 일방통행식 방법이었다. 하지만 친환경 시대를 맞이하여 자원 – 폐기로 이어지는 선형경제의 틀을 깨고 자원을 최대한 순환시키면서 이용하여 자원과 폐기물의 낭비를 막는 새로운 경제 모델, 즉 순환경제가 등장하게 되었다.

이러한 순환경제를 위하여 가장 중요한 것이 바로 폐품을 수거하고 재활용하는 체계를 구축하는 일이다. 삼성전자는 일찍이 이미 이런 체계를 구축해 나가고 있다. 삼성전자의 '2021 지속가능경영보고서'에 따르면 전 세계적으로 2009~2020년까지 누적 454만 톤의 폐전자제품을 회수하는 성과를 이루었다.

또한 순환경제에서 중요한 것이 제품의 생산과 소비, 재활용의 전 과정에서 환경에 미치는 영향을 최소화하는 기술이다. 삼성전자는 이를 위하여 제품의 생산부터 소비까지 전 과정에 걸쳐 단계별로 환경에 미치는 영향을 최소화하는 다양한 프로그램을 운영하고 있다.

삼성전자는 이 외에도 각 사업장의 온실가스 감축을 위해 이미 에너지 고효율화 사업 등으로 기존 온실가스 예상 배출량 대비 총 709만 1000톤의 온실가스를 줄이고, 해외 사업장의 경우 사용 전력의 100%를 재생에너지로 전환(2020년 기준)하는 데 성공한 경험도 있다.

이 외에 삼성전자는 탄소정보공개 프로젝트에 가입하여 각 사업장의 온실가스 배출량을 모니터링하고 있다. 또한 재생에너지를 사용할 경우 인센티브를 제공하는 등 온실가스 배출을 줄이기 위해 노력하고 있다.

탄소중립 기술개발에 매진하는 LG전자

LG전자는 이미 2019년에 2030년까지 탄소배출량을 2017년 대비 50%로 줄이겠다는 '탄소중립 2030'을 발표한 바 있다. 이후 LG 전자는 RE100(2050년 재생에너지 100% 전환)에도 가입하고, '비즈니스 앰비션 포 1.5℃Business Ambition for 1.5℃'에도 참가하여 꾸준히 탄소중립에 대한 의지를 보여주었다.

'비즈니스 앰비션 포 1.5℃'는 기업들이 우선적으로 지구의 평균 온도를 1.5℃ 이내로 제한하는 데 참여할 것을 권장하는 캠페인이다. 우리나라에서는 LG전자가 최초로 이 캠페인에 참여했다.

LG그룹의 탄소중립 실천은 매우 구체적이다. LG그룹은 이미 자체적으로 그룹 내 전기·전자 산업이 배출하는 온실가스의 양이 우리나라 전체 산업부문 배출량의 3.7%에 달하는 것으로 분석하였다. 이를 바탕으로 탄소 배출량을 줄이기 위해 생산공정에서부터 고효율 설비와 온실가스 감축장치를 확대해 나가고 있다. 특히 LG전자는 이를 위하여 최신 감축 기술을 개발하기 위해 노력하고 있다.

대표적인 것이 육불화황(SF6) 처리 기술이다. 육불화황은 고효율 태양광 패널을 만들 때 발생하는 온실가스다. 이 기술이 개발될 경우 육불화황 배출을 크게 감축시킬 수 있다. 또한 태양광 기술과 고효율 냉동기 및 에너지관리시스템EMS 기술 등도 자체 B2B 솔루션을 활용하여 개발해 나가고 있다.

LG전자는 2025년까지 해외의 모든 LG전자 생산 법인에서 RE100을 달성하겠다는 계획을 발표했는데, 이는 국내 어떤 기업보다 빠르다. 이와 더불어 LG전자의 국내 사업장은 2025년까지 재생에너지 50%, 2030년까지는 60%, 2040년까지는 90%, 그리하여 2050년까지 RE100을 완성하겠다는 계획을 추진하고 있다.

LG전자는 탄소저감 노력은 이미 성과로도 나타나고 있다. 2017년 온실가스 배출량 193만 톤에서 2020년에 129만 4000톤으로 줄었다. 이는 33%의 온실가스 배출이 줄어든 것으로, 이미 33%가 재생에너지 시스템으로 바뀌었음을 뜻하기도 한다.

3

기후재난 왜 주목해야 하는가

인도네시아의 수도가 바다로 가라앉고 있다

인도네시아의 수도는 자카르타이다. 하지만 인도네시아 정부는 수도를 보르네오 섬 동부로 옮길 계획을 추진하고 있다. 인구 천만 도시의 자카르타에 무슨 문제가 있기에 인도네시아는 수도를 옮길 생각을 하고 있는 걸까?

자카르타는 해발고도가 낮은 늪지대에 형성되어 있다. 자카르타는 총 5개의 구역으로 나뉘는데 동자카르타, 서자카르타, 중앙자카르타, 남자카르타, 북자카르타 등이 그것이다. 이 중 북자카르타의 경우 대부분 해수면보다 낮은 지형에 위치하고 있어 우기 때가 되면 침수되는 일이 빈번하게 일어나고 있다.

더 큰 문제는 해마다 자카르타의 해수면이 점점 높아지고 있으며 이로 인해 도시는 점점 물에 잠기고 있다는 데 있다. 인도네시아 자바의 IPB대학교의 연구결과 2019년과 2020년 사이에 자카르타는 매년 1.8~10.7cm씩 가라앉고 있는 것으로 나타났다. 이로 인하여 인도네시아의 국립 연구 및 혁신 기관은 2050년까지 도시의 약 25%가 물에 잠길 것이라고 전망하고 있다.

이러한 현상은 두 가지 원인이 동시에 진행되고 있기 때문에 나타난다고 예상할 수 있다. 첫째는 늪지대 지형에서 엄청난 양의 지하수를 계속 사용하기에 지반이 가라앉는 현상이다. 연구에 의하면 1년에 7cm 이상 지반이 가라앉고 있는 것으로 밝혀졌다. 둘째는 지구온난화로 인한 해수면 상승이다. 해수면 상승은 비단 자카르타만의 문제가 아니라 전 세계적인 문제다.

남태평양의 작은 섬나라인 키리바시는 해수면 상승으로 나라가 바다 속으로 사라질 위기에 처해 있다. 호주 기후위원회는 호주 서부의 해수면 상승속도가 전 세계 평균의 2배 가량 빠르게 진행되고 있다며 우려를 표했다. 이 위원회의 보고서에 따르면 이상태가 지속되면 21세기 말 경에 호주의 서남부 지역 도시의 2만 8900세대가 침몰 위기에 직면하게 될 것으로 예상된다.

IPCC의 기후변화보고서는 인류가 지금처럼 기후변화에 적극적으로 대처하지 않는다면 2019~2100년에 지구의 해수면이 약 1m나 상승할 수 있다고 경고하기도 했다. IPCC는 해수면이 1m 상승할 경우 자카르타의 침수될 지역을 예상하기도 했다.

• 해수면 1미터 상승 시 자카르타의 침수 예상 지역 •

자카르타는 이러한 이유로 도시가 바다로 가라앉고 있기 때문에 수도를 바꾸려 하고 있다. 하지만 이것은 수도를 바꾼다고 해결될 수 있는 문제가 아니다. 자카르타의 순수 인구는 천만 정도이지만 유동인구와 주변지역 인구까지 포함하면 무려 2500만에 달한다고 한다. 수도를 옮긴다고 이 많은 사람들이 다 옮겨갈 수는 없는 노릇이고 이곳에 남게 되는 사람들이 대부분일 것이다.

전 세계 국가들이 바다에 잠기고 있다

과학자들은 지구온난화로 인한 해수면 상승 때문에 바다에 곧 삼켜질 것으로 예상되는 곳을 조사했다. 해수면 1미터 상승 시 바다에 잠길 것으로 예상되는 전 세계의 국가와 도시는 다음과 같다.

대서양 – 이탈리아의 베네치아, 네덜란드
인도양 – 몰디브, 방글라데시, 인도네시아의 자카르타
태평양 – 나우루, 투발루, 피지, 키리바시, 사모아, 통가,
　　　　 마셜 제도, 미크로네시아 연방, 팔라우

해수면 1미터 상승은 2100년 이내로 일어날 가능성을 내다보고 있기에 위협적이다. 위에 제시된 국가 및 도시들은 치명적 피해를 입을 것으로 예상되는 곳만 나열한 것이지 나머지 해수면이 낮은

국가와 도시들의 피해도 불 보듯 예상된다. 우리나라의 경우 영암, 고흥, 김해 등의 도시가 위협을 받을 것이고, 미국의 경우 플로리다 마이애미, 뉴욕 등의 도시가 피해를 입을 수 있다.

치명적 피해를 입을 것으로 예상되는 국가들을 보면 몇몇을 제외하고는 대부분 개발도상국이거나 저개발 국가들이다. 선진국들은 나름 개발한 기술로 해수면 상승에 대응하고 있지만 나머지 국가들은 그저 무방비 상태로 이 상황을 지켜보고 있을 뿐이다.

지금 바다는 역사상 가장 뜨겁다

과학자들은 지금의 바다가 기록된 역사의 어느 시점보다 더 뜨겁다고 경고한다. 바다는 그 어느 때보다 뜨겁다는 데 누구도 반박할 여지가 없다. 이것이 지구온난화의 직접적인 결과로 나타난 것이기 때문이다.

「대기과학의 발전Advances in Atmospheric Sciences」 저널에 발표된 새로운 연구에 따르면, 지구의 해양은 2021년 기준 '인간에 의해 기록된 가장 뜨거운 해'로 나타났다. 실제 전 세계의 모든 주요 해안지역에서 기록적인 더위를 경험한 것이 그 증거이기도 하다.

기록상 두 번째로 바다가 뜨거웠던 해는 2020년이었으며 세 번째는 예상대로 2019년이었다. 바다의 온도는 계속해서 높아지고 있다는 것은 말할 필요도 없이 인류가 지속적으로 지구온난화에 잘못을 범하고 있다는 사실을 알려준다.

콜로라도 국립대기연구센터의 기후과학자이자 공동저자인 케빈 트렌버스는 가디언지와의 인터뷰에서 "전 세계적으로 해양열은 끊임없이 증가하고 있으며, 이는 인간이 유발한 기후변화의 주요 지표"라고 말했다.

그동안 지구온난화 효과는 대서양과 남극해에서 가장 두드러지게 나타났다. 물론 태평양도 예외는 아니었고 지난 30년 동안 바다의 온난화는 극적으로 증가했다.

바다의 온도상승은 파괴적인 허리케인을 일으키고 심각한 홍수를 유발하기도 한다. 가열된 해수는 팽창하여 광대한 그린란드와 남극의 빙상들을 녹여버린다. 이렇게 녹아나오는 빙상은 연간 약 1조 톤에 달하며 이것이 해수면 상승을 부추긴다.

또한 인간의 활동에 의해 배출되는 이산화탄소의 약 3분의 1이 바다로 흡수되어 바다를 산성화시킨다. 그리고 바다 속의 산호초를 퇴화시키고 각종 바다생물에게 나쁜 영향을 준다.
사실 그동안 육지가 바다에 비해 지구온난화의 피해를 덜 받을 수 있었던 것은 바다의 희생 덕분이라고 할 수 있다. 지난 50년 동안 생성된 열의 90% 이상이 바다에 흡수되었기 때문이다.

우리가 잘 인식하지 못했지만 바다가 흡수하는 열의 양은 엄청 나다. 바다는 지구의 70%를 차지하고 있으며 온난화의 대부분이 바로 이 바다 위에서 일어나고 있다. 그 엄청난 열을 바다가 흡수 하고 있는 것이다. 실제 바다는 2021년에 2020년보다 14제타줄 (160조 줄에 해당하는 전기에너지 단위)의 에너지를 더 흡수한 것으 로 나타났다.

한 연구에 의하면 장기적인 해양의 온난화가 대서양과 남극해 에서 가장 강력하게 일어나고 있다는 사실이 밝혀졌다. 물론 다른 바다의 온도 상승도 꾸준히 일어나고 있다. 세인트 토마스 대학교 의 열 과학 전문가인 아브라함은 "이러한 해양열 함량의 증가는 기후변화의 가장 좋은 지표 중 하나"라고 말했다.

그렇다면 바다의 온난화 현상을 어떻게 해결해야 할까?

펜실베니아 주립 대학교의 기후 과학자인 마이클 만Michael Mann 은 영국 신문에 "온실가스 순배출 제로에 도달할 때까지 바다의 가열은 계속될 것이며 계속해서 해양열 함량 기록을 깨뜨릴 것이 다"라고 말했다. 결국 온실가스 배출을 줄이는 것이 바다의 온도 를 떨어뜨리는 유일한 방법이라는 것이다.

평균온도가 2℃ 높아지면 북극해는
얼음 없는 여름이 된다

산업화 이전과 비교하여 지구 평균온도가 1~2℃만 높아져도 무시무시한 일이 일어난다는 이야기가 있다. 언뜻 생각하면 이해가 잘 가지 않는다. 지구의 온도가 겨우 1~2℃ 높아진다고 지구의 생명체가 위험해진다는 주장이 잘 와닿지 않기 때문이다.

여기서 지구의 평균온도에 대한 이해가 필요하다. 지구의 평균온도라 함은 지구 전체의 평균온도를 뜻하는 것으로, 지엽적으로 온도가 1~2℃의 차이는 날 수 있겠으나 지구 전체의 평균온도가 1~2℃ 차이난다는 것은 대단한 온도의 변화라 할 수 있다. 인체의 온도를 생각하면 조금 쉽게 이해할 수 있다. 인체의 평균온도는 36.5℃인데 만약 1℃만 높아져도 위험신호로 보며 2℃가 높아지면 병원에 가서 치료를 받아야 한다. 지구도 마찬가지로 지구의 평균온도가 1℃ 높아지면 위험신호가 나타나며 2℃ 높아지면 응급치료를 해야 하는 상황에 직면할 수 있다.

미국 국립해양대기청에 따르면 2021년 기준 전 세계의 평균 기온(지표면과 해수면 평균온도)은 산업화 이전보다 1.1℃, 20세기 평균보다 0.84℃ 높은 것으로 분석됐다. 산업화 이전과 비교할 때 현재 지구의 온도는 1℃ 이상 높은 상태를 기록하고 있는 것이다. 이로 인하여 지구는 이미 이상 기후로 몸살을 앓고 있다.

온통 빙하로 둘러싸여 있는 북극에도 여름은 있다. 북극해의 여름 평균기온은 대개 0℃ 내외다. 그런데 최근 북극해의 여름 평균 기온이 10℃ 이상 올라가는 이상 기후현상이 나타나기도 했다. 이에 북극의 빙하가 녹아내리는 일은 이제 어렵지 않게 볼 수 있는 현상이 됐다.

그런데 기후변화에 관한 정부간협의체IPCC는 지구의 평균온도가 산업화 이전과 비교하여 1.5℃ 높아지면 북극해에서 100년마다 한 번은 빙하 자체가 아예 없는 여름이 있을 것으로 예상했다. 지구온난화가 계속 진행되어 지구 평균온도가 2℃ 높아지면 빙하 없는 북극의 여름이 10년마다 발생할 수 있다고 했다.

이를 달리 말하면, 산업화 이전 수준에 비해 지구의 평균온도가 2℃ 상승하는 기후의 위험은 수백만 명의 삶을 견딜 수 없게 만들 수 있다는 것을 의미한다. 파리기후변화협약에서 1.5℃라는 기후 목표를 내세운 이유가 바로 여기에 있다. 아직은 산업화 이전과 비교하여 1.1℃ 정도 높은 상태이므로 1.5℃ 목표는 관리되고 있는 상태다. 하지만 1.1℃ 높은 상태도 정상은 아니므로 계속하여 온실가스 배출을 잘 관리하여 대재앙을 막아야 한다.

• 가장 뜨거운 해 순위 •

순위	연도	20세기 평균과 차이
1	2016	0.99
2	2020	0.98
3	2019	0.95
4	2015	0.93
5	2017	0.91
6	2021	0.84
7	2018	0.82
8	2014	0.74
9	2010	0.72
10	2013	0.67

출처 : 미국 국립해양대기청(NOAA)

미국 국립해양대기청은 지난 10년간 20세기 평균온도와의 차이에 대한 순위를 발표했다. 이 표에 의하면 2020년 0.98℃ 상승이 었던 것이 2021년 0.84℃로 1년 사이에 무려 0.14℃나 낮아진 것을 볼 수 있다. 아마도 이것은 그간 기후변화에 관한 정부간협의체IPCC 및 기타 기후관련 기관 및 개인들의 노력이 성과를 나타낸 것으로 해석할 수 있다. 즉 온실가스 배출을 줄이면 지구의 평균 기온 상승도 막을 수 있음을 나타내는 것이다.

아마존 삼림벌채가 15년 만에 최고치에 이르고 있다

브라질 과학기술혁신부 산하 국립우주연구소는 아마존의 현황을 보여주는 보고서를 발간했다. 이 보고서에 따르면 아마존의 삼림벌채 면적이 2020년 8월부터 2021년 7월까지 12개월 동안에 10,851km^{2}에서 13,235km^{2}로 무려 22%나 증가한 것으로 나타났다.

아마존국립공원이 있는 브라질 북부의 파라Para 주는 삼림의 40%를 잃어 가장 큰 피해를 입었고 아마조나스 주와 마투그로수 주가 각각 18%와 17%로 그 뒤를 이었다.

과거 아마존의 삼림벌채는 수십 년간 인간의 욕망에 의해 희생되어 왔다. 그러다 환경보호를 중시하는 정부에 의해 2000년대 중반부터 감소하다가 2012년 이후 다시 증가하기 시작했다. 이 시기

선출된 정부가 환경보호에 관심을 멀리하면서 삼림벌채가 가속화된 것이다.

아마존의 삼림벌채를 브라질에서 가장 인기 있는 축구장 크기와 비교하면 축구장 크기의 열대우림이 17초마다 사라지고 있는 것으로 계산할 수 있다. 이것을 1년으로 계산하면 무려 1,855,058개의 축구장 크기의 삼림이 사라지고 있는 셈이 된다.

아마존의 삼림벌채 상황이 이렇게 심각함에도 불구하고 환경보호에 감각이 둔한 브라질의 대통령은 브라질의 삼림벌채에 대한 비판에 대해 열대 우림의 대부분이 그대로 남아 있다고 주장하면서 투자자와 대중을 안심시키려 했다.

이것은 심각한 현실 왜곡이다. 우리가 아마존을 주목해야 하는 이유는 약 3,900억 그루의 개별 나무가 있는 아마존 분지Amazon Basin가 세계에서 가장 큰 탄소 흡수원 중 하나이기 때문이다. 아마존 분지에서만 모든 육지의 4분의 1에 해당하는 탄소를 흡수한다.

그런데 2021년 3월에 이루어진 과학적 검토에 따르면 안타깝게도 이 지역은 탄소를 흡수하는 것보다 더 많은 온실가스를 배출하고 있다. 이 중 삼림벌채로 인한 원인이 현재 브라질 전체 온실가스 배출량의 거의 절반을 차지하고 있다.

그렇다면 브라질에서는 왜 이렇게 방대한 규모의 삼림벌채가 일어나고 있을까? 놀랍게도 이 지역 삼림벌채의 약 80%가 쇠고기와 그 가죽에 대한 수요에 의해 주도되고 있다. 사실 전 세계적으로도 연간 삼림벌채의 14%가 이러한 이유 때문에 일어나고 있다. 브라질은 세계 최고의 쇠고기 소비 국가 중 하나다. 더욱이 브라질은 미국과 중국에 육류를 수출하는 주요국이기도 하다. 이러한 경제적 이유 때문에 브라질에서 삼림벌채를 줄이는 것에 큰 저항을 받고 있는 상태다.

다행히 최근 COP26 정상회담에서 세계 산림의 91%를 차지하는 141개국의 지도자들이 모여 2030년까지 삼림벌채를 끝내기로 합의했다. 하지만 이 합의가 법적 구속력을 가지는 것은 아니기에 브라질에 얼마나 영향을 줄 지는 미지수다. 브라질 정부는 2020년까지 삼림벌채를 절반으로 줄이겠다는 공약을 내세웠음에도 불구하고 실제로 2014년 이후로 오히려 증가했다.

그래도 희망적인 것은 환경 정책을 개선해야 한다는 국제적 압력이 브라질에 가중되고 있다는 점이다. 북유럽 최대 금융 서비스 그룹인 Nordea자산관리가 세계 최대 육류 가공업체인 브라질 회사 JBS를 포트폴리오에서 제외한 부분이 대표적 예다.

매년 수백만 톤의 플라스틱이 버려지고 있다

최근 거대한 플라스틱 쓰레기가 바다에서 섬을 이루고 있는 모습을 보여주어 충격을 주고 있다. 실제로 매년 수백만 톤의 플라스틱이 자연에 버려지고 있으며 이러한 플라스틱의 오염은 에베레스트 산 정상에서 가장 깊은 바다에 이르기까지 지구에 만연히 퍼져 있어 해결책이 시급한 상황에 놓여 있다.

이 거대한 플라스틱 쓰레기 문제를 해결하려면, 당연히 플라스틱 폐기물의 적절한 재활용과 더불어 사용되는 플라스틱의 양을 줄이는 것이 가장 중요하다. 그런데 전 세계의 미생물이 플라스틱 쓰레기를 먹기 위해 진화하고 있다는 연구결과가 나와 놀라움을 주고 있다. 만약 이것이 사실이라면 이를 활용하여 플라스틱 오염의 규모를 줄일 수 있는 위대한 발견이 된다.

연구에 따르면 전 세계 바다와 토양에 버려지는 플라스틱을 먹기 위해 미생물이 진화하고 있다는 사실이다. 이 연구를 위해 플라스틱 쓰레기에서 채취한 DNA 샘플에서 2억 개 이상의 유전자를 스캔하였다. 그 결과 10가지 유형의 플라스틱을 분해할 수 있는 30,000가지의 서로 다른 효소를 발견했다. 분석된 유기체 중 4분의 1이 플라스틱을 분해할 수 있는 적절한 효소를 가지고 있음을 발견한 것이다. 연구원들은 그들이 발견한 효소의 수와 유형이 플라스틱 오염의 양 및 유형과 일치한다는 것을 확인했다.

「미생물 생태학Microbial Ecology」 저널에 발표된 이 연구는 이미 플라스틱을 분해하는 것으로 알려진 95가지 미생물 효소를 분석하는 것으로 시작되었다. 그런 다음 전 세계 236개 지역의 다른 연구원들이 채취한 환경 DNA 샘플에서 유사한 효소를 찾았다. 그 결과 약 1만 2천 개의 새로운 효소가 발견되었다. 과학자들은 이 새로운 효소의 거의 60%가 알려진 효소 부류에 속하지 않는다는 사실을 알아냈다. 그리고 이러한 새로운 효소가 이전에 알려지지 않은 방식으로 플라스틱을 분해한다는 사실을 확인하였다.

이 연구를 주도한 스웨덴 찰머스Chalmers 공과대학교의 Aleksej Zelezniak 교수는 지구에 존재하는 마이크로바이옴의 플라스틱 분해 잠재력이 환경 플라스틱 오염 측정과 강한 상관관계가 있다는 사실을 뒷받침하는 여러 증거를 찾았다. 그는 "이 연구는 환경이 우리가 가하는 압력에 어떻게 반응하는지 보여주는 중요한 증거다"라고 말했다.

또한 이 연구에 참가한 연구원들은 "지난 70년 동안 연간 200만 톤에서 3억 8000만 톤으로 급증한 플라스틱 생산으로 인해 미생물이 플라스틱을 처리하도록 진화하게 되었다"고 말했다.

플라스틱을 먹는 첫 미생물은 2016년 일본 쓰레기 매립장에서 발견되었다. 2018년에는 과학자들에 의해 플라스틱 병을 더 잘 분해하는 효소를 만들어내기도 했다. 2020년에 카비오스Carbios 사는 플라스틱 병을 분해하여 몇 시간 만에 재활용하는 또 다른 돌연변이 효소를 만들어내기도 했다. 또한 독일의 과학자들은 매립지에 버려지는 독성 플라스틱 폴리우레탄을 먹고 사는 박테리아를 발견하기도 했다.

오늘날 플라스틱 쓰레기를 줄이기 위해 생분해 플라스틱을 개발하고 있는데 위와 같이 진화하여 플라스틱 쓰레기를 먹어치우는 효소를 활용하면 천연 플라스틱의 생산에 대한 필요성은 줄어들게 될 것이다.

800만 개의 일자리가 사라지고 있다

제26차 기후변화협약당사국총회(COP26)에서 야심찬 탄소배출 감소 목표를 발표하면서 긴급하고 적극적인 조치가 필요하다는 사실을 알게 되었다. 2050년까지 탄소배출 순제로를 달성하기 위해서는 2030년까지 탄소배출량을 절반으로 줄이는 것과 같은 단기 목표의 설정이 필요하다는 사실도 알게 되었다.

그러나 당사국총회의 낙관론에도 불구하고 여전히 파리 협정에 명시된 1.5℃ 목표에는 미치지 못하는 상황이다. 현재의 태도를 바꾸지 않으면 1.5℃ 목표는커녕 1.8℃에 달하게 된다. 현실적으로 해야 할 일은 많고 시간은 짧은 것이 문제다. 앞으로 정부와 기업이 향후 12~18개월 내에 효과적인 기후 조치를 취하지 않으면 훗날 정해진 목표를 위해 가혹한 경제 전반의 개입이 있을 것이다.

다행히도 6년의 논의 끝에 마침내 파리협정의 이행지침인 파리룰북Paris rulebook이 합의되었다. 여기에는 UN을 통해 탄소배출권을 교환할 수 있는 프레임워크를 설정하고, 녹색 투자를 유치하고자 하는 모든 국가에게 글로벌 시장 접근 권한을 부여하는 제6조가 포함되어 있다.

하지만 파리룰북 역시 갑작스런 정책 변화를 담고 있어 이로 인해 기업과 사회가 적응할 시간이 거의 없어 심각한 혼란을 초래할 수 있다는 문제가 있다. 이러한 목표를 달성하기 위해서는 탄소배출량 감소가 더 심화되어야 할 수도 있다.

이러한 무질서한 정책전환은 탄소집약적 산업부문과 공급망에 가장 큰 타격을 줄 것이다. 예를 들어 2050년까지 화석연료 부문에서만 800만 개 이상의 일자리가 사라질 수 있다. 또한 몇 가지 운송, 농업 및 중공업에 대해서도 부정적 영향을 끼칠 수 있다. 만약 기존의 산업이 넷제로net-zero(온실가스의 순배출을 제로화 함)의 미래와 양립할 수 없다면 전체 산업이 사라지는 위기를 맞이할 수도 있다.

이처럼 무질서한 기후 정책의 전환은 광범위한 경제적, 사회적 영향을 미칠 수밖에 없다. 현재 일어나고 있는 에너지 가격 급등은 탄소배출 순제로 전환의 영향 측면에서 빙산의 일각에 불과하다. 정부가 투자자들에게 너무 많은 압력을 가해 화석연료 회사에서 철수하도록 해버리면 공급 제약, 에너지 가격 불안정만 초래할 것이다.

한편 글로벌 금융 위기가 보여주듯이 한 부문의 혼란이 경제 전체로 빠르게 확산되어 정치적 개입을 촉발할 수도 있다. 이는 개인의 생계에 영향을 미치고 노동 시장을 혼란에 빠뜨릴 수도 있다.

그렇다면 급속한 기후변화 정책의 위험을 이기고 지구 온난화를 억제하기 위한 답은 무엇일까? 탈탄소화에 필요한 기술적, 경제적, 사회적 변화의 규모를 고려할 때 '질서 있는 전환'이 이루어질 것이라는 생각은 가능성이 낮아 보인다. 이전에 일어났던 산업혁명은 매우 파괴적이고 무질서하게 일어났지만 성공했다. 따라서 비즈니스 관점에서 본다면 차라리 '무질서한 전환'이 일어나는 것이 오히려 더 좋다.

우리는 새로운 종류의 산업혁명에 진입하고 있으며 넷제로 시대를 맞이하여 자신의 비즈니스를 조정하거나 변형해야 하는 전환의 시기를 맞이하고 있다. 이러한 때에 과거의 수구적 사고에 머물러 있어서는 안 되며 과감한 전환을 받아들이는 태도를 가져야 한다. 기업은 혁신적이고 비전 있는 기업가가 필요한 법이다.

과감한 전환의 위험이 새로운 길로 가는 여정을 늦추는 구실이 될 수 없다. 오히려 기다리면 기다릴수록 급격한 전환에 직면할 가능성이 높아진다. 우리가 조치를 취하지 않을 경우 감소되지 않은 배출량으로 인한 기후변화의 결과가 잠재적인 전환 위험보다 훨씬 더 큰 재앙으로 다가올 것이다. 만약 기후변화에 대처하기 위한 완화 조치가 취해지지 않으면 세계 경제가 GDP의 최대 18%까지 잃을 수 있다.

결국 무질서한 전환은 불가피해 보이며 아직 늦은 것은 아니다. 정부와 기업은 직면한 위험을 이기기 위해 과감한 조치를 취하고 경제와 일자리를 보호하기 위한 조치를 취할 수 있다.

정부는 야심찬 기후 정책을 도입해야 한다. 이러한 국가적 기후 행동은 기업과 투자자가 미래의 변화에 대해 계획할 수 있도록 투명하고 일관성 있는 방식으로 취해져야 한다.

예를 들어 탄소 집약적 산업부문과 협력하여 순제로 기술에 투자할 인센티브제를 도입하는 것은 좋은 정책이 될 수 있다. 이를 위해 화석연료 보조금의 폐지와 탄소 가격 책정의 도입은 훌륭한 첫 번째 단계다.

또한 화석연료 산업부문에서 근로자의 재숙련을 가속화하는 정책도 필요하다. 재생에너지 분야에 고용될 수 있는 기술을 갖도록 교육하는 것도 필요하다.

분명 넷제로로 가는 길이 완벽하지 않을 수 있다. 넷제로의 전환은 재정 및 경제 안정성에 중대한 단기적 위협을 나타낼 수 있다. 하지만 동시에 큰 기회를 제공한다는 사실을 잊지 말아야 한다. 다가올 변화에 적응하고 기회를 잡을 준비가 되어 있어야 한다.

이산화탄소보다 강력한 메탄의 농도가
역사상 가장 높은 수준에 도달했다

기후변화에 영향을 끼치는 기체들을 온실가스라고 한다. 교토 의정서에 의하면 6대 온실가스는 이산화탄소(CO_2), 메탄(CH_4), 아산화질소(NO_2), 수소불화탄소($HFCs$), 과불화탄소($PFCs$), 육불화황($SF6$) 등이다. 이러한 온실가스들은 대기층에서 마치 비닐하우스의 비닐과 같은 역할을 하여 온실효과(온실처럼 기온을 올리는 효과)를 일으킨다. 이 때문에 지구온난화 현상이 일어나는 것이다.

이러한 온실가스들 중에서 이산화탄소가 차지하는 양이 가장 많으므로 온실가스라 하면 주로 이산화탄소를 떠올린다. 하지만 기체의 전체 양이 아닌 분자당 기여도로 따지면 이산화탄소보다 메탄이 훨씬 더 강력한 영향을 미친다. 지난 20년 동안 관찰한 결과 메탄은 이산화탄소보다 질량 단위당 70~100배나 더 많은 열을 가두는 것으로 나타났다. 이 때문에 메탄 분자의 온실가스 영향은 이산화탄소 분자보다 20배나 강하다. 이러한 메탄이 지구온난화에 미치는 영향은 약 16%로 밝혀졌으며 이로 인해 메탄의 지구 온난화 잠재력은 20년 동안 70에서 100으로 상향되었다.

미국 해양대기청은 전 세계 수십 곳에서 채취한 공기 샘플을 기반으로 2021년 9월의 지구 대기에 존재하는 메탄의 농도를 측정하였다. 그 결과 1,900.5ppb가 나왔는데, 이는 인류 역사상 가장 높은 수준이며 아마도 지난 80만 년 중 가장 높은 수준일 것이다. 산업화 이전 시대의 메탄 농도가 700ppb 미만이었다는 사실을 알면 이 수치가 얼마나 높은지 짐작할 수 있다. 특히 2020년과 2021년 사이에 거의 16ppb가 높아졌는데 이 역시 기록상 가장 높은 연간 증가율이기도 하다.

그렇다면 왜 메탄의 농도가 급격히 증가한 것일까? 메탄은 유기물이 미생물에 의해 분해되는 과정에서 만들어진다. 인간 활동에 의해 만들어지는 온실가스의 약 20%가 메탄이기도 하다. 메탄은 부문별로 농업, 에너지, 폐기물, 산업 등의 순서로 많이 발생하는 것으로 파악되고 있다. 농업 부문에서 가장 많은 메탄이 발생하고 있음에 주목하라. 매립지 및 기타 폐기물에서 발생하는 메탄도 무시할 수 없다. 이런 추세가 계속된다면 지구 대기 중의 메탄 농도는 10년 이내에 2,000ppb를 초과할 수 있으며, 세기 중반에는 3,000ppb를 초과할 수 있다.

그렇다면 메탄에 대해서는 어떻게 대처해야 할까? 이에 대해 긍정적인 신호들이 다수 나타나고 있다. 기후변화에 관한 정부 간패널의 연구에 따르면 다행히도 메탄은 다른 온실가스에 비해 수명이 12.5년으로 다소 짧은 것으로 파악되었다. 또 최근 열린 COP26 정상회의에서 100개 이상의 국가가 2030년까지 메탄 배출량을 30% 줄이기로 약속했다. 국제에너지기구에서는 메탄의 감축이 현실적이고 효율적인 방법으로 달성될 수 있음을 보여주는 보고서를 발표하기도 했다. 이 보고서에 따르면 전 세계 석유 및 가스 부문의 메탄 배출량이 2030년까지 72메가톤에서 21메가톤 으로 줄어들 수 있다.

팬데믹으로 인해 이산화탄소의 배출량이 사상 최대치를 기록했다

코로나바이러스 팬데믹으로 인한 전 세계의 탄소 배출량이 급격하게 감소한 것으로 나타났다. 코로나바이러스를 막기 위한 각국의 봉쇄조치가 산업의 위축으로 이어졌고 이것이 탄소 배출량 감소로까지 이어진 것이다.

2020년 초반에 나타난 이러한 현상은 기후위기 극복을 위한 지속가능한 회복에 대하여 희망을 갖게 했다. 이 시기 재생에너지 발전용량은 사상 최대의 성장을 기록했다. 무려 8,000테라와트시(TWh) 이상의 최고 기록을 달성하면서 원자력과 결합하여 석탄보다 더 많은 세계 전력 생산을 제공할 수 있다는 가능성을 나타낸 것이다.

하지만 재생에너지의 이러한 성장에도 불구하고 2021년 통계는 우리를 우울하게 한다. 국제에너지기구는 2021년에 전년 대비 무려 20억 톤 이상의 탄소배출 증가량이 관찰되었는데 이는 기록상 최대이며 전년도 팬데믹과 관련된 감소를 상쇄하는 것 이상이라고 한다. 팬데믹과 관련하여 탄소 배출량 감소로 희망을 준 것이 불과 1년 전인데 도대체 무슨 일이 있었던 것일까?

국제에너지기구는 석탄에 의한 CO_2 배출량이 153억 톤으로, 이는 사상 최고치의 기록이라고 발표했다. 153억 톤은 전체 CO_2 배출량의 40%를 차지할 정도로 대단한 수치다. 도대체 갑자기 석탄의 사용량이 늘어난 이유는 무엇일까? 그 이유 중 일부는 치솟은 천연가스 가격으로 인해 더 많은 석탄이 태워졌기 때문이다. 반면 팬데믹 위기가 항공, 해운 등의 운송에 계속 영향을 미치면서 석유의 배출량은 팬데믹 이전보다 훨씬 낮은 수준을 유지했다. 또 전세계가 경제위기에서 회복하기 위해 석탄에 크게 의존함에 따라 2021년에 전 세계 에너지 배출량이 6%나 증가한 것도 원인이다.

국제에너지기구에 따르면 이러한 석탄 사용 증가에 가장 큰 영향을 미친 국가로 석탄 전력 사용에 크게 의존한 중국을 지목했다. 이 기간 중국에서는 700TWh의 수요 증가가 일어났으며 이는 중국 역사상 최대 규모다.

팬데믹 기간 동안 전 세계 탄소 배출량이 일시적으로 감소하는 것을 보았지만 대기 중 온실가스 농도는 계속 증가할 뿐이었다. 특히 강력한 온실가스인 메탄의 배출량도 계속 증가하고 있다.

국제에너지기구는 이러한 현상을 우려하면서 성명을 통해 "세계는 2021년 전 세계 온실가스 배출량 반등이 일회성으로 그치게 해야 하며 다시 재생에너지로의 전환을 가속화해야 한다. 이것만이 기후위기에 대처할 수 있으며 또한 에너지 가격 하락에 기여한다는 것을 알아야 한다"고 말했다.

연구의 99.9%가 인간이 기후변화를 일으켰다는 것에 동의한다

여러분들은 기후변화의 원인이 인간의 활동 때문이라는 주장에 얼마나 동의하는가? 이와 관련한 연구를 통하여 이 의문을 풀어보도록 하자.

1991년에서 2012년 사이에 발표된 기후관련 연구의 97%가 지구의 기후변화 원인으로 인간의 활동을 지목하고 있다. 이와 관련하여 코넬대학교에서 최근 연구결과를 발표했는데 여기에서는 기후변화에 영향을 끼치는 인간의 활동 정도가 99% 이상으로 올라간 것으로 나타났다. 이번 연구는 2012년부터 2020년까지 출판된 문헌을 통하여 이전의 기후변화 원인에 대한 합의가 변경되었는지 여부를 알아보기 위해 진행되었다.

코넬대학교 논문의 연구는 2012년에서 2020년 사이에 출판된 88,125개의 기후 논문 데이터 세트에서 무작위 샘플 3,000개를 조사하는 것으로 시작했다. 그들은 3,000개의 논문 중 4개만이 기후변화의 원인으로 인간 활동을 지적하는 것에 회의적이라는 사실을 발견했다. 그렇다면 나머지 논문들의 결과는 어떻게 유추해낼 수 있을까? 이에 대해 연구팀은 '태양', '우주 광선' 및 '자연 주기'와 같이 기후변화의 원인이 인간의 활동 때문이라는 사실에 대해 회의적인 키워드를 검색하는 알고리즘을 만들었다. 그런 다음 이 알고리즘을 88,000개 이상의 모든 논문에 적용한 결과 불과 28개의 논문만이 검색되었다. 이것은 기후변화 원인으로 인간의 활동을 지목하는 논문들의 의견이 거의 99.9%나 된다는 것을 의미한다.

이 논문의 저자들은 하나같이 "기후변화의 원인으로 인간 활동을 지목한 논문들이 99.9%를 넘어섰다. 당장 이 문제에 대한 새로운 해결책이 신속하게 이루어져야 한다. 또 우리는 이미 기업, 사람 및 경제에 대한 기후관련 재난의 파괴적인 영향을 실시간으로 목격하고 있다"라고 주장했다.

하지만 안타깝게도 지구온난화가 인간 활동의 결과라는 거의 만장일치에 가까운 기후 과학자들의 견해에도 불구하고 일반인들의 인식은 조금 다른 것으로 나타났다. 퓨리서치센터Pew Research Center의 2013년 조사에 따르면 일반인들 중에는 불과 55%만이 기후변화가 국가에 대한 주요 위협이라고 믿는 것으로 나타났다. 이 조사에 따르면 상당수의 일반인들은 기후변화에 대한 위협을 현실적 문제로 느끼지 않으며 지구온난화의 결과가 일방적으로 인간의 활동 때문이라는 연구에도 동의하지 않는 것으로 나타난 셈이다. 더욱 안타까운 것은 심지어 일부 국가에서는 정치인과 공공기관의 대표자들까지 당파적인 문제로만 떠들 뿐 실제로는 심각성을 믿지 않는 것으로 나타나 우려를 자아냈다.

그럼에도 불구하고 한 가지 다행인 것은 시간이 지남에 따라 기후변화에 대한 우려는 점점 커지고 있다는 것이다. 2020년에 이루어진 퓨리서치센터의 조사에 의하면 국민의 76%가 기후변화가 국가에 대한 주요 위협이라고 믿는 것으로 나타난 것이다. 2013년 55%에서 2020년 76%로 증가한 것은 그 사이에 기후변화의 심각성에 대한 캠페인이 성과를 거두었음을 뜻한다. 앞으로 점점 더 많은 사람들이 기후변화에 대한 심각성을 인식하고 기후운동에 동참할 때 기후위기 문제는 해결점에 다가갈 수 있을 것이다.

식량 시스템은 에너지 부문에 비해 탈탄소화 노력이 수십 년 뒤처져 있다

기후변화에 영향을 미치는 것은 비단 에너지 부문뿐만 아니라 식품 부문도 상당량을 차지한다는 사실은 이미 이야기한 바 있다. 그럼에도 불구하고 식량 시스템은 에너지 부문에 비해 탈탄소화 노력이 수십 년 뒤처져 있는 것으로 나타나 충격을 주고 있다. 전문가들은 러시아-우크라이나 전쟁, 코로나19 팬데믹 및 극한 이상 기후현상으로 인한 세계적인 충격에 직면한 이때 식량 시스템을 자연 친화적인 인프라로 전환하는 것이 그 어느 때보다 시급하다고 이야기하고 있다.

2022년에 열린 세계경제포럼의 주요의제는 '식량을 위한 과감한 행동'이었으며, 참석한 패널들은 하나같이 식량 시스템에서 탄소배출 순제로로 전환해야 할 필요성을 주장했다. 그러면서

COP27이 식량 및 농업 부문의 과제를 논의하고 해결을 가속화해야 한다는 주장에 모두의 공감대가 형성되었다.

세계경제포럼이 러시아-우크라이나 전쟁, 코로나 팬데믹과 같은 이 중요한 시기에 왜 농업부문의 탄소배출 순제로를 주장했을까? 놀랍게도 식량 시스템은 전 세계 온실가스 배출량의 최대 3분의 1을 차지한다. 또한 선진국에서는 무감각할 수 있겠지만 전 세계 7억 6,800만 명의 인구가 식량부족으로 인한 기아에 시달리고 있다.

이러한 시기에 세계경제포럼이 농업부문의 탄소배출 순제로 전환을 주장한 이유는 식량 시스템 전환이야말로 자연 친화적인 인프라 구축에 도움을 줄 뿐 아니라 모든 사람을 먹여 살리는 농업혁명과 연관되어 있기 때문이다. 이와 관련하여 세계경제포럼에서 논의된 내용들을 살펴보자.

인류는 지난 2년 동안 코로나19 대유행에 직면하면서 기후위기의 문제성을 더욱 실감하게 되었다. 팬데믹과 더불어 러시아-우크라이나 전쟁이 벌어지면서 식량의 가격이 치솟고 있다. 러시아와 우크라이나는 전 세계 밀 판매의 거의 30%를 차지하고 있다. 이런 가운데 전쟁으로 인한 공급망 문제로 세계의 밀 재고가 이미 부족한 상태에 이르렀다. 식용유의 문제도 심각하다. 국제 해바라기유의 50%가 우크라이나에 의해 수출되고 있다.

이러한 문제가 세계 식량 공급에 미칠 영향은 오래 지속될 것이며 이것이 얼마나 심각해질지는 아무도 모르는 상태다. 결국 인류가 이러한 식량 문제에 직면하게 된 원인에는 식량 시스템의 발전이 에너지 부문에 비해 수십 년 뒤처져 있다는 사실이 작용하고 있기 때문이다.

식품 및 농업 부문이 순제로로의 전환을 가속화하기 위해서는 어떻게 탄소배출을 최소화하면서 건강하고 안전한 음식을 제공할 수 있을까에 대한 문제를 해결해야 한다. 이를 위해 공공과 민간 부문 간의 협력이 절실히 필요하다. 먼저 소규모 농부들을 상대하고 그들이 시스템을 변환하도록 돕는 것이 중요하다.

이러한 문제해결을 위해 우선적으로 시행해야 할 조치는 기아 제로Zero를 달성하기 위해 식량의 인도적 지원을 제공하는 일이 필요하다. 웰빙 바람과 더불어 육류 섭취를 줄이고 식물성 식품으로 식단을 바꾸도록 권장하는 캠페인도 필요하다. 또 생산하는 식량의 3분의 1 가량이 음식물 쓰레기로 낭비하는 부분도 개선되어야 한다. 이것은 사용하지 않는 식량을 생산하기 위해 너무 많은 토지를 사용하면서 온실가스를 생산하고 있는 꼴이다. 이러한 식품 부문의 목표를 달성하기 위해서는 재생에너지와 같이 재생농업을 발전시켜 더 건강한 식품을 만들면서도 식품 부문 탄소배출 순제로 달성을 위한 노력을 계속해야 한다.

이러한 식품 부문의 전환이 이루어지기 위해서는 무엇보다도 식품을 생산하고 소비하는 주체인 생산자와 소비자의 역할이 중요하다. 따라서 식품 부문의 전환 사업에 생산자와 소비자를 끌어들여야 하며 이는 식품 회사 단독으로 수행할 수 없다. 보조금과 브랜드 인센티브를 통해 농부들과 소비자들에게 옳은 일을 하도록 기회를 줘야 한다.

식품 부문의 전환도 에너지 변환에서 배워야 한다. 식품 부문은 다양한 동식물과 복잡한 환경에서 작업하기 때문에 더 복잡하다. 과학자들은 이러한 문제를 해결하기 위해 실용적인 접근 방식을 설계해야 한다. 식품이 기후변화와 관련된 재생 방식을 통해 생산되었는지 여부를 파악하여 탄소 감소를 추적하고 '기후 스마트' 상품을 판매하는 표준을 수립하는 것이 시급하다. 이러한 일련의 과정을 통하여 식품 부문의 전환도 에너지 부문의 전환 수준을 따라갈 수 있도록 기술 지원과 행정 지원, 자금 지원이 이루어져야 한다.

러시아의 우크라이나 침공은
화석연료 산업의 파괴를 보여주는 징후다

우리는 앞에서 토니 세바 Tony Seba 가 이끄는 RethinkX가 태양열, 풍력, 배터리, 전기자동차 등과 같이 완전히 새로운 시스템의 가속화가 2030년까지 기존 화석연료 산업을 경제적으로 쓸모없게 만들게 될 것이란 사실을 '파괴'라는 이름으로 이야기했다. 그렇다면 RethinkX는 최근 일어난 러시아-우크라이나 전쟁을 어떤 시각으로 보고 있을까?

아마도 전통적인 분석가들은 단지 국가 간의 이권다툼, 지정학적 경쟁의 렌즈만을 통해 러시아의 우크라이나 침공을 보고 있을 것이다. 그러나 RethinkX의 시각은 전혀 다른 방향에서 작동하고 있다. RethinkX는 이 전쟁이 에너지, 운송, 식품, 정보 및 재료와 같은 모든 주요 부문에 걸쳐 전개되고 있는 파괴가 주도하는 세계

경제의 광범위한 변화의 맥락에서만 적절하게 이해할 수 있다고 주장한다. 도대체 이것은 무엇을 의미하는 것일까?

6년 전, RethinkX의 공동 설립자인 토니 세바와 제임스 아빕 James Arbib은 러시아가 2020년에 지정학적 인화점이 될 것이라고 정확히 예측했었다. 2016년 세바와 아빕은 미군 싱크탱크가 주최한 회의에서 청정에너지 파괴의 가속화로 인해 2020년 초에 러시아가 이웃 국가를 침략할 가능성을 고려해야 한다고 이야기했던 것이다.

토니 세바의 예측에 따르면 태양열, 풍력, 배터리, 전기자동차 등의 가속화는 2030년까지 기존 화석연료 산업을 경제적으로 쓸모없게 만든다고 했었다. 이와 관련하여 화석연료 산업에 기반을 두고 있는 군사 및 지정학적 시스템도 같은 기간 내에 점점 더 쓸모없게 될 것은 쉽게 예측할 수 있다. 토니 세바는 이러한 역학에 의해 기존 에너지 산업에 의존하는 국가가 정권을 지속하기 위해 전통적인 전략에 의존할 경우 더 큰 위험에 처할 수 있다고 경고했다.

러시아는 세계 최대의 석유 및 가스 수출국이자 세 번째로 큰 석유 생산국이다. 국제에너지기구의 데이터에 따르면 러시아의 석유 및 가스 관련 세금 및 수출 관세로 인한 수입은 2022년 1월 연방 예산의 45%를 차지하는 것으로 나타났다.

파괴를 향해 나아가는 산업을 국가 중심 경제로 삼고 있는 상황에서 팬데믹으로 인한 경제 침체가 올 경우 국가는 어떤 태도를 취하게 될까? 당연히 내부의 문제를 외부의 공격성으로 해결하려는 본능이 나타날 수밖에 없다. 이러한 상황에서 독재 정치를 계속 이어가기 위해 푸틴이 점점 더 공격적으로 변해갈 것은 불 보듯 뻔한 이치였다.

토니 세바는 이러한 경제적 지정학적 불안정성을 높일 수 있는 최고의 후보 중 하나로 이미 6년 전에 러시아를 지목했던 것이다. 토니 세바의 분석을 뒷받침하는 연구도 있다. 최근 미군의 평가에 따르면 2020년에서 2028년 사이에 러시아는 낮은 유가로 인한 광범위한 경제 쇠퇴와 연결된 군사력 감소를 경험할 것이며 이는 국가 수입 감소로 이어진다고 했다. 러시아가 이를 타개하기 위해 전쟁을 벌였다고 분석한 것이다. 그러나 토니 세바의 관심은 유가가 왜 낮아지고 있는가에 가 있다. 즉 토니 세바는 유가가 떨어지는 이유가 기존 에너지 산업의 파괴현상에 의한 석유 수요의 변화에 있다고 봤던 것이다. 즉 전통적인 분석가들이 결과의 분석에 매달리고 있었던 반면 RethinkX는 본질적인 원인의 분석에 매달린 결과 이 같이 정확한 예측을 할 수 있었던 것이다.

RethinkX는 이미 에너지, 운송 및 식품 부문에서 전개되는 기술 혁신의 주요 발전을 일관되게 예상하고 있었다. 10년 넘게 RethinkX 팀은 태양광, 풍력 및 배터리 기술, 전기자동차, 자율

전기자동차 및 서비스로서의 운송(TaaS), 뿐만 아니라 정밀발효 및 세포농업(PFCA)의 기술발전을 바탕으로 석유 수요의 정점과 같은 주요 지정학적 추세를 정확하게 예측해내고 있었다.

인류의 역사는 장기간의 기술적 안정이 어느 날 갑자기 다가오는 시스템적 변화에 의해 중단되고 급속한 경제적, 사회적 변화로 이어진다는 것을 보여준다. 이러한 급속한 변화는 기존의 대안보다 훨씬 더 낮은 비용의 신기술이 등장하면서 신기술의 시장 점유율이 10%에서 90% 이상으로 빠르게 증가할 때 발생한다. 대체로 이 기간은 15년 이내인 경우가 많다.

이러한 파괴 이론의 관점으로 볼 때 러시아의 공격을 어떻게 봐야 할까? 러시아의 공격은 파괴를 늦추는 것이 아니라 가속화를 촉진하는 격변이 될 가능성이 높다. 격변으로 인해 기존 산업이 빠르게 파괴되는 이유 중 하나는 새로운 산업의 역학을 이해하지 못한 채 기존 산업을 활용할 전략을 오히려 늘려 격변에 대응하기 때문이다. 그러나 이러한 전략은 결국 오래된 것의 몰락을 가속화할 뿐이다.

화석연료 생산과 관련된 채굴 산업은 권위주의적이고 독재적인 정치구조와 관련이 있다. 석유와 가스 및 석탄의 채굴과 공급 경로는 중앙집중식 제어를 필요로 한다. 러시아의 관점에서 볼 때 우크라이나 침공은 러시아의 세계적 권위를 강화하는 동시에 구소련에 대한 지정학적 통제를 재확인하기 위해 고안되었다. 하지만 이는 러시아가 세계 에너지 시장에서 신뢰할 수 있는 참여국이 아니라는 점을 강조할 뿐이다.

따라서 러시아의 침공결과는 장기적으로 기존 핵심 산업의 쇠퇴와 시장 점유율 상실을 가속화하게 된다. 이는 화석연료 에너지 자산을 유지하려는 국가들이 결국 쇠퇴의 길로 가게 된다는 것을 보여주는 대표적 사례로 남을 가능성이 높다.

반대로 신기술에 의한 기존 에너지 산업의 파괴를 가속화하려는 국가는 기존 에너지 파괴의 영향을 최소한으로 받고 신기술의 혜택을 누리며 지속가능한 경제성장을 이룰 수 있게 된다.

기후 비상사태 운동이 퍼지고 있다

따뜻하고 맑은 가을날, 12명의 진보 활동가들이 카약과 보트를 타고 워싱턴 DC의 조 맨친 상원의원이 있는 하우스보트까지 노를 저었다. 그들은 4일 동안 보트 주위에 다채로운 표지판을 붙인 채 기후 법안의 가장 중요한 부분인 "더 나은 재건(Build Back Better)"을 지지할 것을 촉구했다. 어떤 구호에도 흔들리지 않았던 맨친 상원의원은 난간에 기댄 채 마침내 그들의 존재를 인정했다.

이러한 하우스보트 시위는 수많은 기후운동의 빙산의 일각에 불과하다. 화석연료 의존도를 줄이고 더 깨끗하고 공정한 미래를 만들기 위해 고등학생들과 대학생들까지 나서고 있다.

기후운동이 아무리 열정적이더라도 기후재난의 시간이 빠르게 다가오고 있다는 점은 해결해야 할 과제다. 일부 활동가들은 지금 하고 있는 운동의 방식을 개선하면 더 나아질 거라 믿는데, 이를 위해 이 운동을 추진할 새로운 지렛대와 새로운 연령층을 찾기도 한다.

어떤 운동가들은 완전히 새로운 움직임이 필요한 때라고 생각하는 사람들도 있다. 이들은 기후변화에 대한 좀 더 적극적인 조치가 필요하다고 여긴다. 이에 지금의 지구 상황을 집에 불이 난 비상사태로 여기며 적극적인 조치를 요구하기도 한다. 이러한 그룹에 기후 비상 기금Climate Emergency Fund의 전무이사인 마가렛 클라인 살라몬Margaret Klein Salamon도 포함된다.

살라몬은 "기후 문제가 심각할 경우 우리가 해야 할 일은 생명을 위한 투쟁이며 우리가 생명을 위해 싸우고 있음을 분명히 하는 것"이라고 말했다.

기후 행동주의는 더욱 혁신적으로 나아가며 그 무게와 힘을 보여주고 있다. 이들은 화석연료 기반시설에 대한 새로운 제도적 허가를 중단하기 위한 법률 제정을 위해 투쟁했다. 다른 활동가들은 이사회에 잠입하여 화석연료에 대한 투자자의 유대를 끊기 위해 노력했고, 전 세계 법정에서 몇 차례 승리하기도 했다.

미국의 알렉산드리아 오카시오코르테스 하원의원은 조 바이든 대통령이 그린뉴딜을 법으로 만들도록 촉구하기 위해 백악관 앞에서 선라이즈 운동이 조직한 젊은 기후운동가들을 집회에 참여시키기도 했다.

선라이즈는 민주당 지도자와 대통령에 대한 압력을 가하는 데 도움을 주었다. 이 엄청난 압력으로 인해 바이든 대통령은 기후위기에 대한 포괄적인 계획을 발표하기에 이르렀다.

루이지애나 세인트 제임스 교구 커뮤니티는 미시시피 강에서 94억 달러 규모의 화학 공장에 대한 허가를 연기시키는 데 성공했다. 이 지역단체는 화학공장으로 인한 오염이 인근 주민들에게 큰 피해를 입힐 것이라며 강력히 대응하였기에 이러한 성과를 거둘 수 있었다.

기후운동을 벌일 때 법률 제정 또는 정치 시스템을 통해 대응하는 것은 느리고 답답한 작업일 수밖에 없다. 또 이러한 방법은 일반적으로 승리보다 패배가 더 많다. 기성 활동가들은 이러한 전통적인 방법을 통해 승리를 쟁취하곤 했지만 그 과정이 빠르게 진행되는 것은 아니다. 따라서 적극적이고 격렬한 투쟁 방법이 훨씬 빠르게 통할 때가 더 많다.

기후운동을 대표하는 그레타 툰베리의 영향력이 나날이 커지고 있다

스웨덴의 십대 소녀 그레타 툰베리Greta Thunberg의 등장은 기후운동에 획기적인 전환점을 이루었다고 할 수 있다. 겨우 십대에 불과한 그녀는 등장하자마자 기후운동의 가장 유명한 목소리로 성장했다.

그레타 툰베리는 어린 시절부터 아버지의 영향으로 기후변화에 관심을 가지고 기후변화에 대한 공부에 깊이 빠져들었다. 하지만 기후변화에 대한 공부를 하면 할수록 해결점이 없다는 생각에 깊은 우울증 등 여러 가지 신경병증을 겪기도 한다.

그레타 툰베리가 대단한 것은 이런 어려운 상황을 극복하고 2018년 8월, 스웨덴 의회 밖에서 처음으로 청소년 기후행동을 시작했다는 점이다. 이때 그녀의 나이 불과 15세였다. 이후 그레타 툰베리는 2019년 전 세계적인 기후관련 동맹휴학 운동을 이끌면서 세계적 기후운동가로 떠오른다. 이 행동으로 인해 단숨에 2019년 타임지에 올해의 인물로 선정되었으며, 2019년 노벨평화상 후보로 선정되기까지 이른다.

2021년 12월 워싱턴포스트 매거진과의 인터뷰에서 그녀는 "비상상황에서 누군가는 우리가 낭떠러지로 향하고 있다고 말해야 합니다"라며 강력한 기후운동가의 모습을 보여주었다. 그녀는 절체절명의 기후위기 앞에서 모든 것이 괜찮은 것처럼 행동하는 비합리성에 철저히 대응해야 한다고 주장한 것이다.

그레타 툰베리는 기후비상기금Climate Emergency Fund을 이끌고 있다. 이를 통하여 여러 기후운동을 벌이고 있는데, 대응방식에 있어서도 단식 투쟁, 파이프라인 봉쇄, 직장 파업에 이르기까지 보다 적극적이고 직접적인 행동으로 나선다. 이는 지난 수십 년 동안 지배적이었던 점진적이고 제도화된 환경 및 기후운동과는 다른 방식이다.

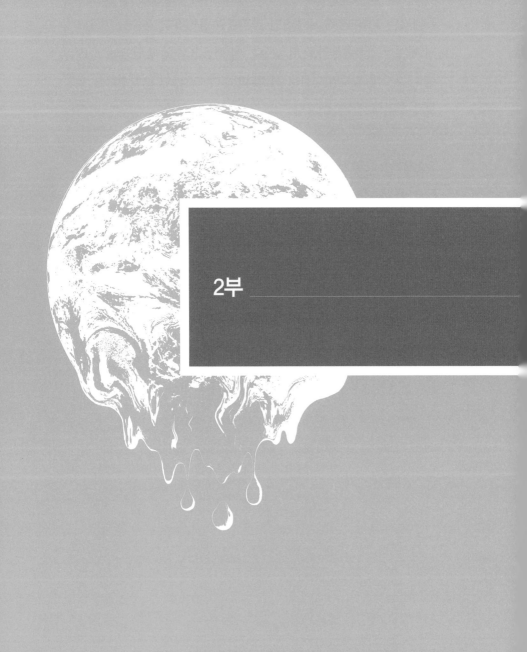

2부

기후재난을 극복하는
신기술 100

4
기후변화 대응을 위한 최신기술 36

탄소중립을 달성할
서비스형 운송(TaaS) 기술

서비스형 운송(TaaS) 기술은 미래학자 토니 세바 교수의 'RethinkX 보고서'를 통해 알려진 개념이다. 이는 기존의 수송을 담당하던 자가 자동차 개념을 '주문형 자율주행 전기자동차'로 패러다임을 전환시키는 신기술이다.

토니 세바는 자율주행 전기자동차가 등장하면 기존 자동차 산업이 붕괴할 것으로 전망하였다. 왜냐하면 자율주행 자동차는 소비자의 필요를 감지하고 언제 어디든 움직일 수 있기 때문이다. 또 전기자동차는 환경오염과 기후변화에도 영향을 미치지 않기 때문에 새로운 운송의 대안으로서 손색이 없다. 이런 환경이 펼쳐지게 되면 자가용 차를 소유하고 있는 것이 환경적으로도 비용적으로도 효율이 떨어질 수밖에 없다. 이에 따라 토니 세바는 10년 안에 95%의 미국인이 차량을 소유하지 않고 필요할 때마다 서비스형 운송을 이용하게 된다. 이것이 바로 서비스형 운송(TaaS) 시스템 기술이다.

기술은 하루아침에 이루어지는 것이 아니라 면밀한 연구 끝에 탄생하는 법이다. 서비스형 운송(TaaS) 시스템 기술 역시 다음 4단계의 발전과정을 따를 것으로 예상된다.

1단계를 TaaS 1.0이라 부르는데 흔히 말하는 콜택시 서비스와 유사한 개념이다. 2단계인 TaaS 1.5는 방향이 같은 승객끼리 합승하는 모델로 서비스 요금이 n분의 1로 줄어든다는 장점이 있기에 활용가치가 있다. 3단계인 TaaS 2.0부터 자율주행 개념이 포함되나 아직 서비스 운전자가 필요한 상태이기에 비용절감에 한계가 있다. 서비스형 운송(TaaS) 시스템 기술의 완성은 4단계인 TaaS 3.0(무인 자율주행)에서 이루어진다. 이 단계부터 운전자의 인건비가 없어지므로 대폭적인 비용절감이 이루어진다. 이를 통하여 운송 분야에 혁신적인 변화가 일어나게 된다. 서비스형 운송(TaaS) 시스템은 사람뿐만 아니라 물류에도 이용되므로 기존의 운송 시스템의 파괴가 가속화된다.

기술2

배양육은 인류 역사상 가장 파괴적인 기술

우리는 앞에서 식품 부문의 파괴에 대한 이야기를 나누었다. 이와 관련하여 대체육이라는 기술이 주목을 받고 있다. 기존 화석에너지를 대체하는 기술이 재생에너지라면, 기존 가공육을 대체하는 기술이 바로 대체육 기술이다. 기존 가공육을 대체하려는 시도는 가공육 산업에서 배출하는 온실가스의 양을 무시할 수 없기 때문이다.

그렇다면 대체육이란 무엇이며 어떤 기술로 만드는 것일까? 현재까지 대체육은 배양육 기술로 만들어지고 있다. 배양육이란 기존 동물의 근육세포를 배양하여 만들어진 고기를 뜻한다. 배양육을 만들 때는 동물의 피부에서 떼어낸 근육 줄기세포를 이용한다. 줄기세포란 모든 세포의 모세포가 되는 것으로 이것이 자라서 생물체의 조직을 이루게 된다. 예를 들어 근육 줄기세포가 자라면 근육이 되는 식이다.

이러한 배양육 기술개발은 2010년대 초반부터 이루어졌다. 스타트업 기업들이 경쟁하며 차례차례 배양육을 개발하는 데 성공하였는데 미국의 멤피스미트는 배양육 미트볼과 배양육 치킨 및 오리고기를 개발하는 데 성공했다. 또 뉴에이지미트도 배양육 소시지를 만들어내는 데 성공했다. 이러한 배양육은 2020년 12월 싱가포르가 세계 최초로 배양육 치킨너겟 시판을 허가함으로써 일반인도 배양육을 먹을 수 있는 시대까지 발전해 왔다.

배양육 기술은 여러 시행착오를 거친 끝에 현재 근육 줄기세포로부터 근세포를 만들어내는 데까지 기술이 개발되어 있다. 문제는 이렇게 만들어진 근세포라는 것이 일단 육고기의 단백질에만 해당하는 고기라는 데 있다. 일반 육고기에는 단백질에 지방, 다당류 등의 성분들이 포함되어 풍미를 더해 준다. 하지만 단백질만으로 이루어진 고기는 퍽퍽하여 그대로는 먹기가 힘들다. 이것이 현재 대체육이 아직 상용화되지 못하고 있는 이유이기도 하다. 싱

가포르가 배양육 치킨너겟 시판을 허가한 이유도 너겟이라는 게 배양육 외 여러 첨가물을 추가할 수 있기 때문이었다.

최근 3D 프린터 기술을 이용하여 진짜처럼 마블링된 배양육을 만들어내는 기술도 개발되어 있는 상태다. 미국의 대체육 기업인 임파서블푸드는 아예 동물성 배양육 대신 완전히 새로운 형태의 식물성 고기 개발을 시도하고 있기도 하다.

기술3

플라스틱 폐기물을 다공성 탄소로
변환하는 기술

기후변화 외에도 플라스틱 오염은 금세기의 가장 중요한 환경 문제 중 하나다. 엄청난 양의 플라스틱 쓰레기는 지구 생태계에 돌이킬 수 없는 피해를 입히며 인류를 위협하고 있다. 그런데 만약 이러한 플라스틱 쓰레기를 다공성 탄소 재료로 전환할 수 있다면 어떻게 될까? 이것은 환경보전을 위한 획기적인 기술이 될 것임에 틀림없다.

이러한 기술개발이 고려대학교 공과대학 화공생명공학과 이기봉 교수팀과 포항산업과학연구원 이종규 박사, 울산과학기술원

곽상규 교수팀들에 의해 이루어졌다. 연구팀은 먼저 버려진 페트병을 모아 각기 다른 방식으로 가공하여 3가지 다공성 탄소소재를 합성하는 데 성공했다. 여기서 다공성 탄소소재란 일종의 활성탄을 연상하면 된다. 활성탄은 미세한 구멍이 아주 많아 주변의 물질을 흡착하는 성질이 뛰어나다. 마찬가지로 이렇게 만들어진 다공성 탄소소재가 주변의 이산화탄소 포집에 뛰어난 능력을 보인다는 데 핵심이 있다. 즉 환경파괴의 주범 중 하나로 몰렸던 플라스틱 쓰레기가 오히려 탈탄소화 물질로 변화하는 기술이라는 점에서 이 연구의 효용가치가 있다.

기존에 생산되던 활성탄의 원료물질은 석탄, 목재 등으로서 대부분 수입에 의존하고 있었다. 하지만 폐플라스틱을 변환시킨 활성탄을 이용한다면 수입 대체 효과가 있을 뿐더러 플라스틱 쓰레기를 줄이고 탈탄소화도 이룰 수 있어 일거양득의 효과가 있다.

기술4

태양광 발전을 가로막는 먼지를 제거하는 기술

태양광 발전은 2030년까지 전 세계 발전량의 10%에 이를 것으로 예상되지만, 태양광 패널에 쌓이는 먼지가 이를 가로막을지도 모른다는 문제가 떠오르고 있다. 만약 태양광 패널에 쌓인 먼지를 제거하지 않는 경우 한 달 만에 태양광 패널의 출력을 30%까지 줄일 수 있다.

전지판을 청소하는 기존 기술은 물청소가 대부분이다. 하지만 물청소에는 연간 약 100억 갤런의 물이 사용되는 것으로 추정되며 이는 최대 200만 명이 식수를 공급할 수 있는 양이다. 또한 중국, 인도, 미국을 포함하여 세계에서 가장 큰 태양광 발전 설비의 대부분은 사막 지역에 있다. 이러한 태양 전지판을 청소하기 위해 멀리서 물을 트럭으로 옮겨야 하는 문제도 심각하다. 이러한 물청소는 태양열 설비 운영비용의 약 10%를 차지하며 이 과정에서 발생하는 온실가스도 새로운 문제로 떠오른다.

이에 MIT의 연구원팀은 물 없이 태양광 패널을 자동으로 청소하는 기술을 고안했다.

새로운 시스템은 정전기를 이용하여 먼지 입자가 태양광 패널의 표면에서 분리되어 떨어져 나가도록 한다. 이 정전기 시스템을 활성화하기 위해 태양 전지판 표면 바로 위에 간단한 전극이 설치된다. 이 전극이 먼지입자에게 전하를 전달하고, 전하를 띠게 된 먼지 입자는 패널 자체에 적용된 전하에 의해 반발하여 떨어져 나가는 원리에 의해 먼지가 제거된다.

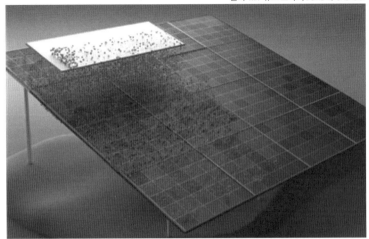

정전기에 의해 먼지 입자를 분리하는 기술

이 연구는 5%에서 95%까지 다양한 습도에서 실험을 수행하여 성공적으로 먼지가 제거되는 것을 증명했다. 사실 이전 연구에서는 습도가 높거나 중간 정도의 습도에서도 작동하지 않는 문제가 있었는데 이번 기술은 이 한계를 극복한 것이다.

이 연구는 MIT 대학원생인 스리다스 파낫Sreedath Panat과 기계공학과 교수인 크리파 바라나시Kripa Varanasi의 논문으로 「과학 발전Science Advances」 저널에 기재되어 있다.

전기자동차가 백만 마일을 달리게 하는 배터리 기술

현재 전기자동차의 핵심기술은 배터리다. 따라서 전기자동차의 경쟁력은 얼마나 더 가볍고 더 효율적인 배터리를 생산하느냐에 달렸다. 현재 전기자동차의 배터리 가격은 매우 높게 책정되어 있기에 배터리 교체시기에 드는 비용 부담이 매우 큰 편이다. 따라서 배터리 수명 연장을 위한 기술이 시급하다. 배터리의 성능 저하 과정을 줄이면서도 차량보다 오래 사용할 수 있는 배터리 개발이 절실하다. 이러한 필요를 잘 알고 있는 전기자동차 업계는 교체가 필요하기 전에 최대 백만 마일(161만km)의 주행 시간에도 수명이 다하지 않는 배터리를 개발하기 위해 노력하고 있다.

이 기술개발에 선도적으로 나선 기업이 테슬라다. 테슬라는 이미 '백만 마일 프로젝트'를 시작했으며 기존 전기자동차 사들이 사용할 16년 수명의 배터리 기술개발에 박차를 가하고 있다. 제너럴모터 역시 유사한 배터리 개발을 연구하고 있는데 연구원들은 배터리 구성 및 저장을 개선하기 위해 노력하고 있다.

미국 에너지부의 태평양북서부국립연구소는 니켈로 이루어진 단결정 음극을 만드는 방법을 발견했는데 이 방법을 이용하면 더 효율적이고 강력한 배터리를 생산해 낼 수 있다. 독일 뮌스터대학교에서도 1회용 공기-아연 배터리를 수백 번 충전할 수 있는 방법을 찾아냈다. 또한 그래페나노 사는 그래핀으로 배터리를 만들었는데, 이 기술을 이용하면 8분 만에 차를 충전할 수 있다.

전기자동차의 충전시간이 많이 걸리는 이유는 배터리를 이루고 있는 가연성 액체 때문인데 이를 고체 물질로 대체하는 기술개발도 한참 진행 중이다. 이 기술이 성공하면 충전 시간을 몇 시간에서 10분으로 단축할 수 있다. 이는 전기자동차 기술의 가장 큰 난제 중 하나를 해결하는 것이기에 전기 자동차 배터리 시장을 획기적으로 성장시킬 동력으로 작동한다.

기술6

방사능 유출 우려가 없는 핵융합 발전소 기술

현재 원자력 발전소는 기본적으로 핵분열 기술을 이용한다. 즉 원자로에 우라늄-235라는 물질을 넣고 이 물질이 핵분열 반응을 일으킬 때 나오는 엄청난 에너지를 전기로 전환하여 공급하는 것이 주된 원자력 기술의 원리다. 핵분열 반응은 온실가스를 만들지 않기에 원자력 발전은 기후변화에도 유리하다. 하지만 치명적인 문제점은 방사능이 유출되었을 경우 큰 피해를 준다는 점이다.

핵분열 반응의 반대가 핵융합 반응인데 이것은 현재 태양에서 일어나고 있는 반응과 같다. 즉 중수소와 삼중수소가 서로 충돌하면 헬륨과 중성자가 생성되는데 이때 엄청난 에너지가 뿜어져 나온다. 핵분열과 비교했을 때 핵융합 반응 시 더 큰 에너지가 나오며 핵융합 반응은 방사능 유출의 우려도 없다. 따라서 핵융합 에너지 역시 태양광, 풍력 등과 함께 미래에너지로 기대되고 있다.

이러한 이유로 핵융합 발전 기술을 개발하기 위한 움직임이 활발히 이루어지고 있다. 미국 에너지부는 2040년대까지 핵융합으로 전기를 생산할 시스템을 만들 것을 요구하고 있다.

하지만 현재 핵융합 기술이 해결해야 할 과제도 남아 있다. 핵융합 에너지를 만들기 위해서는 중수소와 삼중수소를 플라즈마(핵과 전자가 분리되는 상태)로 만들어야 하는데 이때 1억도 이상의 초고온의 열을 가해 주어야 한다. 핵융합 에너지를 실제 발전에 사용하기 위해서는 투입되는 에너지보다 생성되어 나오는 에너지가 20배 이상 많아야 한다. 하지만 현재는 이 둘의 양이 거의 같은 수준에 머물러 있는 한계에 부딪혔다.

화석연료를 대신하는 녹색수소 기술

수소는 세상에 존재하는 기체 중 가장 가벼우며 청정한 물질이다. 이러한 수소 기체에 열을 가하면 펑 소리를 내며 타게 되는데 이는 수소가 연료로서도 역할을 할 수 있음을 나타낸다. 중요한 것은 수소가 연소할 때는 화석연료처럼 수증기만 생성할 뿐 어떤 유해한 가스도 발생하지 않는다는 점이다. 따라서 화석연료 대신 이러한 수소를 연료로 사용할 수 있다면 에너지 문제의 근본적인 대책이 될 수 있다는 희망감을 안겨 준다. 수소는 물로도 만들 수 있기에 주변에서 쉽게 얻을 수도 있다는 장점도 있다.

수소는 여러 방법으로 얻을 수 있는데 주로 산업적으로 수소를 생산하고자 할 때 천연가스에서 수소를 얻는 방법을 사용한다. 그런데 천연가스에서 생산된 수소는 불순물이 포함되어 있기에 연소할 때 많은 탄소를 배출하는 문제점이 있다. 그래서 이렇게 얻은 수소를 깨끗하지 않은 수소라 해서 '회색수소'라고 부른다. 반면 물을 전기분해하면 산소와 수소가 얻어지는데 이때 얻어지는 수소는 순수한 수소이기에 '녹색수소'라고 부른다.

녹색수소는 탄소 배출을 일으키지 않기에 미래에너지로 손색이 없다. 이에 각국은 녹색수소 생산 기술에 막대한 투자를 하고 있다. 예를 들어 프랑스 정부는 2022년 산업계의 녹색수소 사용량 목표를 10%로 잡고 있는데, 2027년에는 20~40%로 상향한다.

녹색수소 기술을 상용화하기 위해서는 해결해야 할 과제가 있다. 현재 녹색수소의 가격은 킬로그램 당 6달러 정도인데 이는 효율적인 측면에서 천연가스와 비교하여 상대가 되지 않는다. 이에 천연가스 가격과 경쟁력을 가질 수 있게 하기 위해 2050년까지 1달러 미만으로 하락시키기 위한 기술개발에 박차를 가하고 있다.

현재의 녹색수소 가격이 높게 책정되는 이유는 수소를 얻는 방법에서 찾을 수 있다. 녹색수소를 만들기 위해서는 물을 전기분해해야 하는데 이때 가하는 전기에너지 대비 발생하는 수소 양의 경제성이 아직 궤도에 올라있지 않기 때문이다. 이 문제를 해결해야만 우리의 일상생활에서 녹색수소를 사용할 수 있게 된다.

기술8

이상기후에 대비하는 전력망 관리 기술

천만 인구가 사는 서울의 구석구석에 있는 집안까지 전기가 들어오는 시스템이 가능한 이유는 국가에서 거대한 발전기 및 커넥터 네트워크로 구성된 전력망을 통해 시민들에게 에너지를 분배하기 때문이다. 만약 이러한 전력망에 조금이라도 문제가 생긴다면 수백, 수천만의 사람이 생계의 위협을 받거나 생활의 어려움에 빠질 수 있다.

현대의 전력망에 영향을 끼칠 요소로 기후변화가 지목되고 있다. 지금 전 세계는 예상치 못한 이상기후 현상에 시달리고 있다. 안타깝게도 현재의 전력 네트워크는 이처럼 빠르게 변화하는 환경을 염두에 두고 설계되지 않았다는 데 문제가 있다.

만약 전력망 관련 유틸리티 회사 장비가 빨리 현대화되지 않으면 기후변화와 새로운 전력 수요로 인해 유지 보수가 더 어려워진다. 초선진국 미국조차 이러한 문제에 대비한 장기 계획에 참여하지 않았으며 포괄적인 국가전력 정책이 없는 상태다.

이런 가운데 기후변화와 재생에너지 공급 등 유사시에 대비한 전력망 관리 구축을 위한 연구와 기술개발들이 쏟아져 나오고 있다. 매사추세츠 공과대학교에서는 재생에너지 장려, 인공지능 기반 사용량 예측, 광역 전송 확대 등의 문제를 사전에 예방하기 위한 단계에 관하여 연구한 논문을 발표했다. 오토그리드AutoGrid와 오리가미에너지Origami Energy는 전력망 최적화에 도움이 되는 소프트웨어를 만들어냈다. 이처럼 기후변화와 재생에너지 공급 등 유사시 전력망 관리에 대한 기술개발 상용화가 이루어져야 에너지 전환도 안정적으로 이루어지게 된다.

소비자가 소규모로 직접 생산하는
분산형 재생에너지 기술

기존 전기나 도시가스 에너지의 경우 국가적 거대한 전력망에 의해 각 가정에 공급되는 시스템을 갖추고 있다. 그런데 만약 기존 화석연료에서 재생에너지로의 에너지 전환이 이루어지면 이런 거대한 전력망은 새롭게 구축되어야 하는 것일까?

여기에 새롭게 등장한 개념이 분산형 재생에너지 기술이다. 이것은 각 소비자가 사용해야 할 전원을 거대한 전력망으로 공급하는 것이 아니라 에너지를 사용해야 하는 소비자가 소규모로 직접 생산하는 방식을 뜻한다. 이는 마치 그동안 전국에서 동시에 공중파 방송을 보던 시스템에서 각 개인이 송출하는 유튜브 방송을 보는 시스템으로 바뀐 것에 비유할 수 있다.

기존 화석연료 기반 전기에너지와 달리 태양광, 풍력 등과 같은 신재생에너지는 전기생산 시설을 지역 곳곳에 소규모로 설치할 수 있는 장점이 있다. 또 내가 쓸 에너지를 중앙에 의존하지 않고 내가 직접 생산하는 방식이라 에너지 민주주의를 이룬다는 점에서도 의미가 있다. 또한 분산형 재생에너지 기술이 상용화할 경우 인프라 건설비용과 운영비용을 대폭 절감할 수 있다는 점에서 이 기술개발 상용화가 시급하다. 태양에너지 경우 이미 각 가정의 지붕에 설치되는 분산형 발전이 진행되고 있기도 하다.

이러한 분산형 에너지의 장점 때문에 우리나라도 분산형 에너지 시스템으로의 전환을 목표로 분산형 에너지 기술개발에 박차를 가하고 있다. 산업통상자원부의 자료에 의하면 2025년까지 광역지방자치단체부터 분산형 전원 비중을 22%로 확대한다는 목표 아래 기술개발을 추진하고 있다.

기술10

대기 중으로 빠져나가는 이산화탄소를 포집하고 저장하는 기술

천연가스란 탄소화합물인 메탄과 에탄 가스를 주성분으로 하는 화석연료다. 즉 천연가스의 성분 자체가 탄소를 중심으로 하는 유기화합물인 셈이다. 따라서 이러한 천연가스를 연소하면 필연적으로 온실가스인 이산화탄소가 발생할 수밖에 없다. 그런데 최근 탄소 제로 천연가스 기술이 주목받고 있다. 이것은 천연가스가 연소할 때 발생하는 이산화탄소를 탄소포집및저장CSS하는 기술을 이용하여 온실가스의 주범인 탄소 배출을 중화하는 방식의 천연가스를 말한다.

그렇다면 탄소포집및저장CSS 기술이란 무엇일까? 먼저 탄소 포집 기술은 산업현장에서 화석연료 등이 연소할 때 발생하는 가스에서 이산화탄소만을 분리하는 기술을 뜻한다. 또한 탄소 저장 기술이란 이렇게 포집한 이산화탄소가 대기 중으로 빠져나가는 것을 막기 위해 1km 이상의 깊은 지하 암석층에 저장하는 기술을 뜻한다. 또는 이렇게 포집한 이산화탄소를 필요로 하는 산업현장(탄산음료 제조공장 등)으로 보내지는 기술까지를 포함한다.

사실 이러한 기술은 지난 수십 년 동안 사용되었지만 아직 널리 알려지지 않는 상태에서 계속 기술개발이 이루어지는 과정에 있다. 그러나 2020년에 마이크로소프트는 탄소포집및제거 기술을 위해 10억 달러의 기금을 발표했고 2021년에는 테슬라의 일론 머스크가 탄소포집 기술에 1억 달러의 상금을 발표하기도 했다. 이것은 탄소포집및저장기술이 탄소중립 시대에 얼마나 중요한 기술인지는 보여주는 대목이다. 또한 국가적으로도 이 기술을 발전시키기 위해 발전소나 공장에서 포집하고 저장한 이산화탄소에 대해 세금을 공제하는 등의 기술 장려 정책을 펴고 있는 상태다.

이 새로운 탄소포집및저장CSS 기술 수준이 높아지고 이를 효과적으로 사용한다면 원자력 발전소보다 훨씬 저렴하게 탄소 없는 화석연료 에너지를 생산하는 시대를 맞이한다.

바다를 떠다니는 원자력 발전소 기술

부유식 원자력 발전소FNPP란 바다에 떠다니는 원자력 발전소를 뜻하는 것으로 열악한 환경 조건을 견디면서도 조류와 함께 부유하면서 이동할 수 있는 새로운 종류의 에너지 발전소다.

부유식 원자력 발전소의 모습

러시아는 부유식 원자력 발전소인 아카데믹 로모노소프Akademik Lomonosov의 건설을 시작했다. 이 발전소에는 2개의 원자로가 장착되어 있으며 2021년에 완공되어 이미 전기에너지를 생산해내고 있다. 이에 고무된 러시아는 원자로의 유지 보수 없이 최대 10년 동안 작동할 수 있는 더 큰 전력량의 새로운 부유식 원자력 발전소 건설을 계획하고 있다.

부유식 원자력 발전소는 이동이 가능하기에 전력 수요가 높은 도시로 이동하여 즉시 전원을 공급할 수 있는 장점이 있다. 예를 들어 러시아는 세계 최대의 구리 및 금 매장지 중 하나인 바임스키 광업 가공공장에 필요한 전력을 생산하기 위해 부유식 원자력 발전소 건설을 계획하고 있다.

원자력 발전의 가장 큰 단점은 방사능 유출의 위험성에 있다. 하지만 높은 에너지 효율과 온실가스를 배출하지 않는다는 점은 놓칠 수 없는 장점이다. 부유식 원자력 발전소 기술은 원자력의 단점은 보강하고 장점을 살리는 최적의 방안으로 대두하고 있다.

기술12

바다에 떠있는 풍력발전기를 만드는 기술

2022년 한국남부발전이 글로벌 에너지 기업인 쉘과 함께 1.3GW 규모의 부유식 해상풍력 발전 개발을 시작했다. 1.3GW는 100만 가구에 전력을 공급할 수 있는 규모다. 무엇보다 고무적인 것은 이것이 재생에너지이고 이 기술개발이 이루어질 경우 연간 약 190만

톤의 이산화탄소를 감축하는 효과를 낸다는 부분이다.

부유식 해상풍력 발전기술의 핵심은 풍력발전기를 해상에 떠 있도록 기술이다. 바다는 육지보다 풍력에너지의 양이 풍부하며 깊은 바다로 나아갈수록 그 효과는 더 커진다. 부유식 해상풍력 발전은 수심이 깊은 해상에도 설치할 수 있기 때문에 이 기술개발이 이루어질 경우 상당한 파급효과가 일어날 것으로 기대된다.

세계 최초로 부유식 해상풍력 발전소를 건설한 나라는 영국이다. 영국은 스코틀랜드 동부 에버딘에 위치한 해상에 30MW 규모의 부유식 해상풍력 발전소인 하이윈드 파일롯 파크Hywind poilot park를 건설하여 약 2만 가구에 전력을 공급하고 있다.

2011년 포르투갈에서는 세계 최초로 반잠수형 부유식 해상풍력 발전소인 윈드플로트1이 개발되었다. 2019년에는 포르투갈 비아나두 카스텔루의 수심 100m 해상에 부유식 해상풍력단지인 윈드플로트아틀란틱이 세워졌다. 이 단지는 3개의 반잠수식 구조물과 3개의 터빈으로 25MW 규모의 전력을 생산하고 있다.

바다에 떠서 지상보다 10% 높은 발전량을 확보하는 부유식 태양광발전 기술

2015년 국토교통부는 부유식 태양광발전 구조물 공법을 '제758호 건설신기술'로 지정했었다. 여기서 부유식 태양광발전이란 부유식 원자력발전, 부유식 풍력발전 등과 같이 해상에 태양광 발전소를 짓는 기술을 뜻한다.

우리나라에서는 2015년에 부유식 태양광발전 구조물 공법이 신기술로 소개되며 등장한 것이다.

해상에 태양광발전 구조물을 설치한 모습

기존의 땅 위에 설치되는 태양광 발전소는 큰 면적의 땅이 필요하고 또 태양광을 받을 때 주변 환경에 따라 그림자의 제약을 받는 등의 문제가 있었다. 이로 인해 면적당 발전효율이 작고, 논이나 산에 설치될 경우 경작지나 삼림 훼손 등의 문제가 사회적 문제로 대두하기도 했었다. 하지만 부유식 태양광발전은 이 모든 문제를 단숨에 해결하는 장점을 지니고 있다.

부유식 태양광발전 기술의 핵심은 태양광패널을 지지하는 프레임 구조물을 수상에 유지시키는 데 있다. 그리고 이러한 구조물을 지지하는 부력체 위에 태양광 패널을 설치하는 기술 역시 중요하다.

연구결과 부유식 태양광발전은 지상의 태양광발전보다 발전량이 약 10% 높은 것으로 나타났다. 따라서 우리나라의 경우 지상 태양광발전보다 부유식 태양광발전이 유리한 측면이 있다.

세계 최대의 부유식 태양광 발전단지가 설치된 곳은 태국의 방콕이다. 이곳에 설치된 태양광 패널의 수는 무려 14만 5천 개에 달한다. 특이한 점은 낮에는 태양광으로 전력을 생산하고, 밤에는 3개의 터빈을 이용하여 흐르는 물을 이용하여 전력을 생산한다는 점이다. 태국은 이 같은 노력을 통하여 2050년까지 탄소중립 실현을 목표로 여러 재생에너지 정책을 펼치고 있다.

야생동물의 서식지를 지키는
바이오폴리머 생태복원 기술

    기후변화가 가져다 주는 피해 중 야생동물 서식지가 점점 파괴되는 문제가 중요한 화두로 떠오르고 있다. 인간이 일으킨 기후변화 문제에 가장 먼저 피해를 받는 집단이 결국 야생동물이 되는 셈이다. 야생동물 서식지가 파괴된다는 이야기는 생태계가 파괴되고 있다는 이야기와 동일하다. 이런 환경회복과 관련하여 생태복원 기술이 중요한 문제로 떠오르고 있다.

출처: 다도해해상국립공원 서부사무소

해안침식으로 관매도의 토양이 유실된 모습

    생태복원과 관련하여 국내에서 개발된 바이오폴리모 생태복원 기술이 개발되었다. 이 기술의 핵심은 친환경다공성포장체를 만드는 것에 있다. 독일의 브라운슈바이크 공과대학 유체공학 연구소의 연구결과에 의하면 이 친환경 다공성포장체를 해안에 적용할 경우 파도가 일으키는 충격이 25~50% 감소하는 것으로 나타났다. 이상기후 현상으로 인한 해안의 침식현상은 해안지역의 토양 유실을 일으켜 수많은 수목들을 파괴하는 대표적 예다.

친환경 다공성포장체를 만드는 첫 과정은 천연소재 폴리올과 친환경 경화제를 반응시켜 바이오 폴리머 바인더를 만드는 것에 있다. 이 폴리머 바인더에 천연골재를 코팅하면 다공성포장체의 단위체가 만들어진다.

다도해해상국립공원 서부사무소는 이러한 바이오폴리머 친환경 다공성포장체 기술을 이용하여 파괴되어 가는 관매도 해송 숲을 복원하기 위한 생태복원 사업을 실시했다. 그 결과 더 이상의 토양유실이 일어나지 않고 5년 후에는 해송 숲이 복원되는 결과를 얻게 되었다.

소프트 로봇을 3D 프린팅 할 수 있는
새로운 생분해성 바이오겔 기술

오스트리아 요하네스 케플러대학교의 연구원들은 「사이언스 로보틱스」 저널에 발표된 논문에서 새로운 생분해성 바이오겔을 만들었다고 주장했다. 이 생분해성 바이오겔은 재활용이 가능하기 때문에 재활용 로봇을 3D 프린팅 하는 데 사용될 수 있을 뿐 아니라 생분해되는 성질이 있기 때문에 따로 폐기물을 만들어내지도 않는다.

소프트 로봇을 구성하는 재료들은 대부분 생분해되지 않거나 재생 불가능한 재료가 쓰이는 경우가 많다. 이러한 소프트 로봇은 연질 재료의 제한된 수명으로 인해 2019년 기준 하루 10만 톤이나 되는 폐기물을 만들어내고 있다. 이에 케플러대학 연구원팀은 친환경적 재료로 소프트 로봇을 만들기 위한 연구에 돌입했다. 그 결과 젤라틴과 설탕으로 구성된 새로운 바이오겔을 만들어내는 데 성공했다. 연구원들은 이 새로운 재료의 안정성과 기계적 특성을 테스트하기 위해 3D 프린팅을 사용하여 전방향 동작을 제어하는 부드러운 손가락 모양의 로봇 장치를 프린팅 해 보았다. 결과는 대성공이었다.

바이오겔은 생분해성 물질이기 때문에 환경오염도 일으키지 않을 뿐만 아니라 재사용이 가능하기 때문에 최대 5번까지 다시 프린팅하여 사용할 수 있다. 바이오겔의 재사용이 가능한 원리는 이 바이오겔이 열가역성 성질을 가지기 때문이다. 열가역성이란 한 번 열반응이 일어난 물질이 원래의 성질로 되돌아갈 수 있는 성질을 뜻한다. 따라서 이 바이오겔을 기존의 소프트 로봇에 적용하면 엄청난 양의 폐기물을 줄일 수 있는 획기적 아이템이 될 수 있다.

연구팀은 이 생분해성 바이오겔을 이용한 다중 재료 프린팅에 도전하려면 다중 재료의 조합이 필요하다고 말한다. 이를 위해 적절한 생분해성 지지체 재료의 개발도 필요하다고 말한다.

기술16

AI가 키운 미세조류로 제트기용 청정연료를 생산하는 기술

AI가 키운 미세조류(식물성 플랑크톤)가 제트기에 청정한 연료를 제공할 수 있다는 주장이 나왔다. 조류가 어떻게 제트기용 청정연료를 만들 수 있다는 것일까?

인공지능의 도움으로 자란 미세조류를 이용하여 바이오연료를 만들어낼 수 있는데 이 바이오연료가 제트기의 새로운 청정연료로 사용될 수 있다는 것이다. 이러한 미세조류 바이오연료는 재생에너지의 궁극적인 해결책 중 하나로 간주되어 왔다. 재생 가능한 연료 공급원으로서 미세조류는 10년 전에 뜨거운 주제였으나 그 동안에는 높은 수확 비용으로 인해 상용화에 어려움을 겪고 있었다.

그런 가운데 한국원자력연구원 첨단방사선연구소의 연구진이 방사선육종 기술을 활용하여 생산성이 뛰어난 미세조류 변이체를 개발했다.

미세조류는 물속에서 빛과 이산화탄소를 이용하여 산소와 당을 만드는 반응을 일으킨다. 이때 만들어진 당을 먹고 살아가는데, 사용하고 남은 당은 전분의 형태로 세포 안에 쌓이게 된다. 이처럼 전분을 품은 미세조류를 발효시키면 전분이 바이오에탄올로 전환되는데 이 바이오에탄올을 바이오연료로 사용할 수 있게 되는 원리다.

한국원자력연구원 첨단방사선연구소의 연구진이 개발한 미세조류 변이체는 기존 미세조류보다 세포 내 전분 축적량이 2배 이상 많기 때문에 더욱 많은 바이오에탄올을 만들어낼 수 있다.

한국원자력연구원 첨단방사선연구소는 이 기술을 상용화하기 위해 자신들이 개발한 제조기술을 그린아샤 사에 넘겨주었다. 이에 그린아샤는 이 기술을 활용하여 실제 활용할 수 있는 바이오연료를 개발하고 동시에 이 기술을 응용하여 바이오플라스틱 생산도 추진한다. 만약 미세조류를 활용한 바이오연료와 바이오플라스틱이 상용화한다면 이는 기후대책에 커다란 기여를 할 수 있다.

세계에서 가장 깨끗한 로봇선박을 만드는 기술

영국 정부는 2020년 해양산업의 친환경 기술을 선진화하기 위해 청정해사시범대회를 개최했다. 이 대회의 수상자 중 하나가 해양 로봇회사인 오션인피니티Ocean Infinity다. 오션인피니티는 세계에서 가장 깨끗한 로봇선박을 만드는 기술을 제시하며 수상자로 선정되었다.

현재 대부분의 선박은 온실가스를 배출하는 내연기관 시스템을 사용하고 있기 때문에 개선이 시급한 상황이다. 그렇다면 오션 인피니티는 어떤 원리로 청정 로봇선박을 만들어낼 수 있었을까? 이 선박에는 최첨단 센서와 최신 항해 기술이 장착되어 있을 뿐만 아니라 CO_2 배출량을 90%까지 줄이는 하이브리드 기술로 구동되도록 설계되어 있다. 에너지 시스템은 암모니아를 기반으로 한 연료전지 기술을 이용한다. 또 로봇함대는 무인 시스템으로 만들어져 연중무휴로 작동할 수 있고 먼 곳까지도 갈 수 있다. 오션 인피니티는 이와 관련된 세밀한 기술 사항은 발표하지 않았다.

최근에 또 다른 영국 기반 회사인 리액션엔진Reaction Engines도 항공기 및 선박용 친환경 연료를 생산하기 위한 암모니아 분해 반응기를 건설 중이라고 발표했다.

오션인피니티와 리액션엔진의 암모니아 해양 추진 시스템이 완성된다면 세계에서 가장 깨끗한 선박과 함대로 해상운송이 교체되면서 전체 해양산업의 판도도 바뀌게 된다.

기술18

햇빛과 이산화탄소를 사용하여
제트연료를 만드는 기술

팬데믹 전인 2019년 기준 항공 산업에서 배출한 CO_2의 양은 무려 9억 1,800만 톤에 달한다. 세계의 항공 산업 에너지 시스템이 여전히 화석연료에 의존하고 있기 때문이다.

이처럼 거대한 사업에 소규모 시범 설비를 운영하는 신생 기업인 차원에너지Dimensional Energy가 나섰다. 차원에너지는 햇빛과 포집된 CO_2를 사용하여 제트연료를 만들고 있다. 여기서 중요한 두 가지는 햇빛을 최대한 모으는 시스템과 산업시설에 포집된 이산화탄소를 결합하는 일이다.

햇빛을 모으는 데는 태양에너지를 집중시키는 거울인 헬리오스타트heliostats를 사용한다. 이러한 시스템으로 만들어진 태양 전기 에너지는 물을 전기분해하는 데 이용된다. 이때 얻은 수소와 산업시설에서 포집한 이산화탄소를 원자로에서 합성시켜 합성가스를 만든다. 이 합성가스를 액체 연료로 변환한 다음 정제하면 비로소 제트연료가 만들어진다.

친환경 제트연료가 만들어지는 과정에서 이산화탄소를 사용하기 때문에 이것은 탈탄소화에 도움을 준다. 화석연료가 이산화탄소를 배출하는 반면 친환경 제트연료는 역으로 이산화탄소를 에너지원으로 사용하는 것이다. 또 연료가 만들어지는 과정에서 태양에너지를 사용하기에 온실가스 배출도 전혀 일으키지 않는다.

현재 이렇게 만들어진 친환경 제트연료의 에너지 밀도는 화석연료의 에너지 밀도보다 몇 배나 낮기 때문에 소형비행기에만 적용할 수 있다는 한계를 가지고 있다. 하지만 향후 10년 내로 화석연료 기반 제트연료와 성능 면에서 동등한 수준에 도달하기 위해 기술개발에 매진하고 있다.

효율적이고 투명한 탄소관리를 돕는
사물지능융합기술(AIoT)

현재 국제간의 탄소관리를 위해 탄소배출권 제도를 시행하고 있다. 탄소배출권 제도란 온실가스를 일정기간 동안 배출할 수 있는 권리로 각 나라당 할당량이 정해져 있다. 이는 정부와 기업이 탄소 배출을 억제하는 수단으로 사용되어 왔다. 하지만 이 방법은 정확한 측정에서부터 투명성, 검증, 거래 용이성에 이르기까지 여러 문제가 드러나고 있다.

이에 사물지능융합기술(AIoT)의 탄소관리 기술이 주목받고 있다. 사물지능융합기술(AIoT)의 탄소관리 기술은 보다 효율적이고 투명한 탄소관리를 위해 다음 세 가지 주요 영역을 이해하는 것이 중요하다.

1. AIoT – 기존 탄소관리 시스템은 무수히 많은 데이터베이스와 시스템으로 인해 엄청난 노동력을 필요로 한다. 하지만 AIoT 통합을 이용하면 실시간 데이터를 원활하게 관리할 수 있다. 이는 사물에 기반한 인공지능이 데이터를 효율적으로 구성, 수집 및 변환하여 일목요연한 보고서로 만들어 주기에 가능하다.

2. 저감 인텔리전스 – 탄소저감 계획은 정확한 측정이 어렵기 때

문에 힘든 일이다. AIoT 기술은 실시간 데이터에서 탄소배출을 더 잘 예측함으로써 이 문제를 해결한다. 탄소저감 조치의 성능 평가를 개선하고 배출 예측을 최적화할 수 있다.

3. 탄소 상쇄 및 상쇄 통합 – 전 세계의 탄소 순배출 제로 목표를 달성하는 데 탄소상쇄가 필수적인 역할을 하게 된다. 그러나 탄소상쇄의 검증과 거래의 어려움이 업계를 괴롭힌다. 하지만 AIoT 기술은 거의 실시간으로 탄소상쇄의 검증을 지원하고 저렴하고 빠르게 탄소상쇄를 위한 시장을 제공할 수 있다.

기술20

이산화탄소 배출량이 적은 녹색 시멘트 기술

세계는 매년 건설에만 4기가톤의 시멘트를 사용하고 있다. 그러나 시멘트를 만들기 위해서는 석회석을 2,700도 이상으로 가열해야 하며 이때 발생하는 이산화탄소의 양은 엄청나다. 이에 이산화탄소를 덜 발생시키는 녹색 시멘트 기술이 주목받고 있다.

시멘트는 건축에서 접착제로 쓰이는 재료다. 석회석과 점토를 가루로 만들어 섞어서 구운 후 여기에 석고를 섞어 가루로 만든 것이 시멘트다. 시멘트를 만드는 과정에서 문제가 되는 것은 석회석과 점토를 가루로 만들어 섞은 다음 굽는 과정에 있다. 이때 고온의 열을 가해야 하는데 석회석이 고온에서 분해되면서 탄산가스를 발생하게 된다.

하지만 솔리디아테크놀로지스Solidia Technologies는 더 낮은 온도에서 반응을 일으키는 시멘트를 개발하여 이산화탄소 배출량을 3분의 1로 줄이는 데 성공했다. 이뿐만이 아니다. 이렇게 만들어진 콘크리트는 역으로 이산화탄소 가스를 사용하여 굳는 성질을 가지므로 결과적으로 이산화탄소를 70% 감소시키는 효과를 나타낸다. 기존의 시멘트는 시멘트 가루를 물에 섞어 굳히는 성질을 사용하는데 이 경우 물도 절약할 수 있게 된다.

이처럼 이산화탄소 배출량이 적은 시멘트를 녹색 시멘트라 부른다. 시멘트 산업이 배출하는 이산화탄소의 양은 전 세계 이산화탄소 배출량의 8%에 달할 정도로 높다. 녹색 시멘트 기술이 업계 전반에 걸쳐 채택되면 연간 이산화탄소 배출량을 1.5기가톤이나 낮추고 3조 리터의 물을 절약할 수 있다.

소가 배출하는 메탄 배출량을 절반으로 낮추는 기술

이산화탄소와 더불어 또 하나의 온실가스로 지목받고 있는 기체가 바로 메탄이다. 놀랍게도 메탄은 이산화탄소보다 무려 85배나 더 많은 열을 가두는 온실가스로 밝혀졌다. 이러한 메탄의 3분의 1이 방목하는 가축에게서 나온다. 그중에서도 소의 트림에서 나오는 메탄이 메탄 누출의 95%를 차지한다는 사실은 놀랍다.

이러한 문제를 해결하기 위해 배양육 기술이 개발되고 있지만 이와 더불어 저탄소 소를 개발하는 기술도 함께 주목받고 있다.

젤프는 소의 콧구멍 위에 느슨하게 놓여 있는 고삐를 발명했는데 이 고삐는 여느 고삐와 달리 메탄의 배출을 모니터링하면서 발생하는 메탄을 촉매로 재빠르게 물과 이산화탄소로 분해하는 기능을 한다. 즉 이 고삐를 단 소는 메탄의 발생량이 현격하게 줄어든 저탄소 소가 되는 것이다. 이 고삐 장치를 사용하면 소가 배출하는 메탄 배출량을 절반으로 낮출 수 있다.

미국에만 9천만 마리 이상의 소가 있다. 이러한 소들에게 모두 저탄소 고삐 기술을 적용하면 메탄의 발생량이 대폭 줄어들 것이므로 모든 목장주들이 기후위기 운동에 동참하는 셈이 된다. 한편 저탄소 고삐의 기능은 단지 메탄만 저감하는 데 있지 않고 동시에 가축 떼의 건강에 대한 귀중한 데이터를 제공하는 기능도 갖추고 있어 목장주들에게 매우 유리하게 이용된다.

세계 탄소 배출량 2%를 줄이는 전기 비행기 기술

비행기는 세계 탄소 배출량의 약 2%를 차지하기 때문에 비행기의 탈탄소화도 시급한 문제로 떠오르고 있다. 자동차의 경우 전기자동차의 등장으로 어느 정도 해결책을 찾고 있으나 비행기의 경우 사정이 다르다. 아마도 전기비행기에 대한 이야기는 잘 들어보지 못했을 것이다. 그 이유는 바로 전기에너지 시스템의 핵심이라 할 수 있는 배터리 무게 문제 때문이다. 하늘을 나는 비행기는 최대한 무게가 가벼워야 하는데 무거운 배터리 문제 때문에 그동안 전기비행기 개발은 제한되어 왔다. 또한 1파운드(0.45kg)당 배터리보다 제트연료(비행기 화석연료)가 약 14배 더 많은 에너지를 생산하는 문제도 전기비행기의 개발을 막고 있었다.

이런 가운데 미국의 곳곳에서 전기비행기 개발이 시도되고 있어 주목받고 있다. 세스나Cessna는 9명이 탈 수 있는 개조된 전기

비행기로 워싱턴 주 상공을 거의 30분 동안 비행하는 성과를 거두었다. 또 다른 하이브리드 전기비행기가 캘리포니아 상공을 2시간 30분 동안 순항하는 성과를 거두기도 했다.

영국에서도 저가 여객기 이지젯EasyJet이 2030년까지 런던−암스테르담 노선에서 전기비행기 여행을 상용화한다.

전기비행기에 사용되는 배터리는 기존 리튬이온 배터리로는 한계가 있다. 에너지 효율이 낮을뿐더러 주행거리가 짧기 때문이다. 이에 대안으로 떠오른 것이 알루미늄 공기 배터리다. 알루미늄 공기 배터리는 리튬이온 배터리보다 에너지 밀도가 5배나 높고 저장 용량 또한 크다. 특히 비행기의 연료로 사용하기에 적합한 가벼운 무게를 가진 것도 큰 장점이다. 이는 리튬이온 배터리의 단점을 거의 보완한 셈이다.

기술23

탄소포집률을 100배 향상시키는 인공 나뭇잎 기술

2019년 일리노이대학교 과학자들은 이산화탄소를 포집하는 새로운 인공 나뭇잎 시스템을 개발했다고 알렸다. 그런데 이 인공 나뭇잎 시스템은 기존의 나뭇잎보다 무려 이산화탄소 포집률이

100배나 높은 것으로 나타났다. 도대체 인공 나뭇잎이 어떤 원리로 이런 높은 비율의 이산화탄소를 포집한다는 것일까?

　원래 자연의 나뭇잎은 햇빛, 물과 함께 이산화탄소를 흡수함으로써 광합성을 일으킨다. 이 광합성의 과정에서 탄소 흡수가 일어나기 때문에 과학자들은 오래전부터 고효율의 탄소 흡수를 할 수 있는 인공 나뭇잎 개발에 매달려 왔다. 하지만 이 기술개발은 가시적 성과 없이 지지부진한 가운데 이어져 왔다. 이런 가운데 일리노이대학교의 엔지니어들로부터 성공적인 인공 나뭇잎 개발 소식이 전해져온 것이다.

• 새로운 인공 나뭇잎 장치의 디자인 •

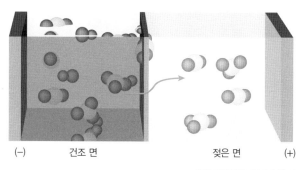

(-)　　　　건조 면　　　　　　젖은 면　　　(+)

출처: 아디티야 프라자파티/UIC

　이들이 개발한 인공 나뭇잎 내부는 물로 채워진 투명한 캡슐에 담겨 있는 인공광합성 장치로 구성되어 있다. 이 장치는 특징적으로 반투과성 막을 가지고 있는데 이 막을 기준으로 젖은 면과 건조

면으로 나누어진다. 이 장치에 햇빛이 비치면 장치에 설치된 기공을 통해 물이 증발한다. 이때 이산화탄소가 유입되면서 음으로 대전된 건조 면에 있는 유기용매와 반응하여 중탄산염으로 변한다. 이 중탄산염은 전기적 힘에 의해 막을 통하여 양으로 대전된 젖은 면으로 흘러가서 연료를 만드는 데 쓰인다.

인공 나뭇잎 시스템은 하루에 1kg 이상의 이산화탄소를 제거할 수 있고 톤당 145달러의 가격으로 이산화탄소를 포집할 수 있어 경제적이다. 또 이 장치는 가정용 가습기 크기로 배낭에 들어갈 만큼 충분히 작아서 이동성과 활용성이 높다. 이 연구의 내용은 일리노이대학교에서 제공되었으며 에너지 및 「환경과학」 저널에 게재되어 있다.

실제 나무보다 훨씬 효율적인 직접공기포집 기술

미국은 탄소를 포집하는 직접공기포집 기술을 확대하는 새로운 목표를 가지고 있다. 여기서 말하는 직접공기포집 기술이란 어떤 것일까?

직접공기포집 기술은 화학반응을 이용하여 공기 중의 이산화탄소를 직접적으로 포집하는 기술을 말한다. 그러나 이러한 기계적 이산화탄소 제거 기술은 현재 비용이 매우 높아 부분적으로 또는 작은 규모로 개발되고 있는 실정이다.

그러나 최근 비용을 낮추는 데 성공한 새로운 기술이 등장하고 있어 고무적이다. 이러한 직접공기포집 기술의 선구자는 애리조나주립대학교의 클라우스 라크너Klaus Lackner 교수다. 그는 자연이 그 이산화탄소를 제거하는 것보다 인간이 발생시키는 이산화탄소 농도가 훨씬 더 높은 궤도에 오르고 있는 것에 주목하고 직접공기포집 기술개발에 매달렸다.

그는 우연히 건조할 때 이산화탄소를 끌어당기고 젖었을 때 방출하는 물질을 발견했다. 이 물질의 성질을 이용하여 이산화탄소를 가득 포집할 수 있으며 필요할 때 쓸 수 있는 장치를 만들 수 있다. 중요한 것은 이 물질 시스템을 이용하면 이산화탄소를 포집하고 방출하는 과정에서 큰 비용이 들지 않는다는 점에 있다.

그는 이러한 시스템을 '기계식 나무'라고 칭했다. 기계식 나무는 레코드 더미처럼 생긴 약 5피트 직경의 화학 수지로 코팅된 키가 큰 수직 기둥 모양으로 되어 있다. 이곳을 공기가 통과하면 디스크 표면이 이산화탄소를 흡수한다. 디스크가 이산화탄소로 가득 차면 아래로 가라앉는데 이때 물과 수증기를 보내서 이산화탄소를 수증기와의 혼합물로 만들어 방출하게 한다. 이 시스템의 단점은 물과 건조한 공기를 동시에 필요로 하기 때문에 모든 곳에서 적합하지 않을 수도 있다는 데 있다. 하지만 고효율로 공기 중의 이산화탄소를 포집할 수 있기에 기후위기 대응에 꼭 필요한 시스템이라 할 수 있다.

기술25
폐플라스틱을 100% 재활용하는 혁신 기술

현재 전 세계적으로 재활용되는 플라스틱 폐기물은 약 25%에 불과하다. 나머지 버려지는 플라스틱 폐기물을 생물권에 그대로 두면 생태계, 먹이사슬 및 인간의 건강에 심각한 영향을 끼친다. 플라스틱 폐기물의 재활용 비율이 낮은 것은 플라스틱 쓰레기의 분리와 관련이 있다.

기존의 플라스틱 분리 방법은 비닐(PE), 플라스틱(PP) 및 페트병(PET) 정도에 그쳐 있으며 이 정도로는 플라스틱 폐기물의 재활용률을 높일 수 없다. 많은 사람들은 플라스틱을 단일 재료로 인식하지만 실제로는 용도에 따라 매우 다양한 종류가 있다. 그동안에는 이러한 플라스틱의 종류를 구분하는 것이 매우 어려워 분리 및 재활용이 어려웠다. 따라서 플라스틱 폐기물의 재활용률을 높이려면 플라스틱 폐기물의 분리수거에 혁신적 기술이 이루어져야 한다.

덴마크 오르후스대학교 생물화학공학부 연구원들이 새로운 카메라 시스템 기계를 개발했다. 이 기계는 플라스틱을 무려 12가지 유형(PE, PP, PET, PS, PVC, PVDF, POM, PEEK, ABS, PMMA, PC 및 PA12 등)으로 구별할 수 있다. 이렇게 다양한 플라스틱 유형을 구분하게 되면 화학적 조성에 따라 플라스틱을 분리할 수 있게 된다. 이렇게 각각의 화학적 성질에 따라 분리수거된 플라스틱은 재활용률이 크게 향상된다.

이러한 플라스틱 기술은 컨베이어 벨트에서 직접 플라스틱 유형을 분석하고 분류하는 머신러닝을 사용한다. 이때 초 분광 카메라가 사용되는데 이것이 플라스틱을 12개의 다른 유형으로 분리해 내는 것이다.

기술26

지구에 생기는 모든 사고를 기록하는 지구 블랙박스 기술

블랙박스란 비행 중인 항공기의 모든 상황을 기록하는 장치로 사고가 발생했을 때 원인을 밝히기 위해 많이 사용된다. 이러한 아이디어를 바탕으로 지구 블랙박스가 연구되고 있다. 지구 블랙박스는 항공기의 블랙박스와 마찬가지로 지구에 사고가 발생했을 때 그 원인을 밝히기 위해 지구가 운행되는 동안의 모든 상황을 기록한다는 취지로 고안되었다.

이러한 지구 블랙박스를 출시한 곳은 호주 태즈매이니아다. 클레멩거Clemenger BBDO 회사가 태즈메이니아대학교의 연구원들과 협력하여 이 프로젝트를 만들어내었다. 그들의 의도는 기후위기를 처리하는 방법에 대한 데이터를 기록하고 저장하는 장치를 만들어 미래에 사고가 발생할 시 전 세계에 책임을 묻고자 이 기술을 고안해 낸 것이다.

상자는 3인치 두께의 강철 케이스로 되어 있으며 태양 전지판으로 덮여 있다. 태양 전지판은 내부에 설치된 컴퓨터에 에너지를 제공하기 위해 설치되었다. 내부 시스템은 대기 이산화탄소 수준, 육지와 해양의 온도 변화, 인구 변동, 에너지 소비 및 환경에 영향을 미칠 수 있는 정책 변경과 같은 항목을 포함하여 500가지 다양한 측정항목을 기반으로 데이터를 정기적으로 기록한다.

이 상자는 30년에서 50년 동안 데이터를 저장할 수 있는 용량을 갖고 있다. 하지만 기후위기가 50년 후에 올지도 모르기에 원래 블랙박스의 목적을 달성하기 위해서는 시스템의 저장기능을 확장하기 위해 노력해야 한다. 이 외에도 누가 이 데이터에 접근하여 사용할 것인지에 대해서도 해결점이 나와야 한다. 먼 미래에 이 데이터를 이해하고 해석할 수 있는 지적이고 문명화된 누군가에게 발견되지 않는 한 아무 소용이 없는 물건이 될 수도 있기 때문이다.

기술27

탄소발자국을 94% 감소시키는 비대면 회의 기술

코넬대학교가 주도하는 새로운 연구에 따르면 전문 회의를 완전히 비대면으로 전환하면 탄소발자국(인간의 활동으로 발생하는 온실가스의 총량을 한눈에 볼 수 있도록 표시한 것)이 최대 94% 감소하는 것으로 나타났다. 또 비대면 참석자를 절반 이하로 줄인 하이브리드 모델로 전환하더라도 탄소발자국은 67% 줄어드는 효과가 있는 것으로 나타났다.

전 세계 글로벌 이벤트 및 컨벤션 산업이 배출하는 연간 탄소발자국은 미국 전체에서 발생하는 연간 온실가스 배출량과 비슷한 것으로 나타났다. 단순히 이벤트 및 컨벤션 참석이 이처럼 기후변화에 엄청난 결과를 나타내는 이유는 이것이 단지 대면 회의에 참석하는 문제에서만 그치는 것이 아니라 이 참석을 위해 비행기를 타고, 운전하고, 호텔에 체크인하고, 회의 과정에서 많은 장비를 사용하고, 종이를 인쇄하고, 또 회의 후에는 많은 음식도 제공되기 때문이다.

코넬대학교의 보고서에 따르면 2017년에 180개국에서 15억 명이 넘는 참가자가 컨퍼런스에 참석하기 위해 여행한 것으로 나타났다. 50개가 넘는 정기적인 국제 컨벤션 행사의 수는 10년마다 두 배로 증가하고 컨벤션산업의 시장규모는 향후 10년 동안 11.2%의 비율로 성장할 것으로 예상된다.

이러한 연구를 바탕으로 계산한 결과 회의를 전문 회의를 완전히 비대면으로 전환하면 탄소발자국이 최대 94% 줄어들 것이라는 결과가 나왔던 것이다.

이런 가운데 코로나19 팬데믹이 터졌다. 강제로 시키지 않아도 알아서 비대면 회의로 전환하는 일이 생겨나고 있다. 자연히 탄소발자국은 줄어가고 있다. 하지만 이 상태에서 만약 팬데믹이 끝나버리면 대면 회의가 봇물 터지듯 쏟아져 나와 기후변화에 막대한 영향을 미칠 것으로 예상된다. 따라서 아예 팬데믹 시기에 기후변화 운동의 일환으로 비대면 회의를 정착할 필요가 있다. 이러한 패러다임의 전환을 위해 필요한 것이 비대면 회의 기술의 수준을 높이는 것이다.

만약 비대면 회의가 대면 회의와 별 차이가 없을 정도로 기술 수준이 높다면 굳이 비용을 써가며 대면 회의를 하려들지 않게 된다. 자연히 대면 회의의 파괴가 일어나면서 비대면 회의 문화로의 전환이 일어나게 된다. 하지만 현재 나와 있는 비대면 회의 플랫폼들은 조금씩 아쉬움이 있는 기술 상태에 있다. 현재 나와 있는 대표적 비대면 회의 플랫폼은 줌, MS팀스, 구글클래스룸, 네이버 밴드라이브, 구글행아웃, 웹엑스, 구루미 등이다. 이러한 비대면 회의 플랫폼들의 기술 수준이 대면 회의 수준으로 올라갈 때 인류의 탄소발자국은 획기적으로 줄어든다.

기술28

AI가 전력망을 변환하고 정리하는 기술

미래의 청정에너지 시스템 구축에서 가장 중요한 것 중 하나가 미래형 에너지 망을 구축하는 기술이다. 청정에너지 시스템은 기존 통합형 화석에너지 시스템과 달리 분산형 시스템으로 갈 수밖에 없기에 현재보다 매우 복잡한 양상이 일어나게 된다. 이에 인공지능(AI)을 이용한 스마트 에너지 망 기술이 중요하게 떠오르고 있다.

청정에너지 망은 분산형으로 갈 것이기 때문에 현재 수만 개의 발전소에서 수백만 개의 자원 네트워크(여기에 개별적 건물과 집도 포함된다)로 수십 배 증가하게 된다. 그뿐만 아니라 청정에너지는 날씨 등에도 큰 영향을 받기 때문에 AI를 이용한 효율적 관리가 필수적이다. 이때 AI는 몇 년 또는 수십 년 분량의 데이터를 활용하여 날씨, 재생에너지 발전, 고객 수요 및 시장 가격을 포함한 주요 요인을 고려하여 최적화된 시스템을 만들 수 있다. 이는 모든 건물과 자동차에도 함께 적용될 수 있다. 일부 연구에서는 이와 같은 AI 에너지 망을 사용하면 2030년까지 5.3기가 톤의 탄소배출량을 줄일 수 있다는 결과도 있다.

AI 기반 스마트 에너지 망은 재생 가능 에너지의 실시간 에너지 생성과 인근 건물의 수요를 분석할 수 있다. 또한 에너지 낭비를 최소화하면서 다양한 수준의 전기를 다른 지역으로 보낼 수도 있다. 그렇게 하면 재생 에너지 전력을 더 안정적으로 공급할 수 있게 된다.

이러한 AI 기반 스마트 에너지 망 기술은 발전 과정에 있으며 현재 상용화된 대표적 예로 미국 스탠포드대학교 연구진이 개발한 '딥 솔라Deep Solar'를 들 수 있다. 딥 솔라는 미국 전역에 퍼져 있는 전국 태양광 발전량을 실시간으로 파악할 수 있는 인공지능 시스템이다.

식용유를 비행기 연료로 사용하는 기술

자동차가 우리 생활의 일부가 된 것처럼 비행기 역시 글로벌 시대에 필수품이 된 것은 부인할 수 없다. 이는 비행기가 온실가스를 배출한다고 해서 비행기 사용을 금지할 수 없다는 사실을 방증한다. 오히려 한 연구의 추정에 따르면 전 세계 항공기 수가 2039년까지 거의 두 배가 증가할 것이라고 한다.

이러한 때에 항공 산업의 환경 친화를 이루기 위한 방법 중 하나로 기존 제트연료를 대체하는 연료 개발이 주목받고 있다. 이런 가운데 2021년 놀랍게도 대체연료로 구동되는 최초의 상업 비행이 시카고에서 이루어졌다. 대체연료를 실은 유나이티드 항공의 보잉 737MAX8이 유나이티드 CEO인 스콧 커비Scott Kirby를 포함하여 100명이 넘는 승객을 태우고 시카고에서 워싱턴 DC까지 비행하는 데 성공한 것이다.

놀라운 것은 이 비행기에 사용된 연료다. 이 대체연료는 옥수수, 사탕무, 사탕수수와 같은 식물의 설탕에서 만든 합성 화합물과 혼합된 식용유와 지방으로 구성되었다. 737MAX8 비행기에는 두 개의 엔진이 달려 있었다. 한 엔진에는 이 대체연료 500갤런을 실었고 만약을 대비해 다른 엔진에는 기존 재래식 연료 500갤런을 백업용으로 실었다. 놀라운 것은 재래식 연료를 사용하지 않고 오로지 대체연료만으로 주행에 성공했다는 사실이다. 이것은 비행기가 대체연료만으로도 비행할 수 있다는 사실을 증명하는 것이다. 또한 이번에 사용된 대체연료는 일반 제트연료보다 탄소 배출량이 80%나 적은 것으로 나타나 기후변화 대처에도 큰 도움을 준다.

탄소를 포집하고 공기를 정화할 수 있는 건물

현재 인간의 활동이 온실가스를 배출하는 가장 강력한 주범으로 꼽히고 있다. 그런데 인간의 활동이 이루어지는 주무대가 바로 건물이다. 이 건축 부문의 탄소 배출량은 전 세계 탄소 배출량의 거의 40%를 차지한다. 연구에 따르면 2060년까지 2,300억 평방미터의 새로운 건물이 지어질 것으로 보인다. 이는 뉴욕시 크기의 도시 460개와 맞먹는 규모다.

따라서 건물의 환경오염 문제가 해결되어야 한다. 만약 건물이 도리어 탄소를 포집하고 공기를 정화하는 나무처럼 행동할 수 있다면 어떨까? 이런 상상이 현실로 일어나고 있다.

어반 세쿼이아Urban Sequoia는 건물의 '숲'을 구상하고 있다. 건축

환경이 탄소를 배출하는 공간이 아닌 탄소를 흡수할 수 있는 공간으로 변화시키겠다는 것이다. 이를 위하여 건물을 지속 가능한 에너지를 바탕으로 혁신 기술 및 새로운 기술을 결합하여 디자인하였다. 이렇게 하여 어반 세쿼이아는 생체 재료와 바이오매스, 탄소포집기술을 적용한 건물의 숲을 개발함으로써 목표로 하는 탄소 배출량 감소를 달성했다.

이러한 전략은 건물의 숲만 아니라 모든 크기와 서로 다른 유형의 건물에도 적용할 수 있다. 어반 세쿼이아의 디자인을 도시의 고층건물에 적용할 경우 48,500그루의 나무를 품은 숲이 나타내는 환경효과를 얻을 수 있다. 이를 통하여 연간 1,000톤의 탄소를 격리할 수 있다. 이때 자연 기반 재료의 사용이 필수다. 바이오 브릭, 바이오크리트, 헴크리트 및 목재와 같은 재료는 콘크리트 및 강철에 비해 탄소 배출량을 50% 감소시킨다.

어반 세쿼이아가 새 건물의 기준이 된다면 건설에서의 탄소 배출량을 95%까지 줄일 수 있다. 이렇게 포집된 탄소는 새로운 탄소 제거 경제의 기초를 형성하는 다양한 산업 응용 분야에서 사용될 수 있다. 통합된 바이오매스와 조류를 사용하면 건물뿐만 아니라 자동차 및 비행기에 동력을 공급하는 바이오 연료 공급원으로 사용할 수 있다. 또 포집된 탄소와 바이오매스는 포장 도로 및 파이프용 생체 재료를 생산하는 데 사용될 수 있다.

버섯과 미생물로 스티로폼을 대체하는 기술

식품 과잉 소비 시대를 살고 있는 시대에 생활쓰레기의 상당 부분을 차지하는 것은 다름 아닌 포장지다. 한 가정에서만도 하루에 엄청난 양의 포장지가 비닐, 플라스틱, 스티로폼, 종이의 형태로 버려진다. 이 포장지를 생산하고 처리하는 데 엄청난 양의 탄소가 배출될 것은 볼 보듯 뻔한 이치다. 그럼에도 불구하고 이상하게 탄소 배출 감소를 위한 포장지에 대한 대책은 미흡하다. 실제로 기업이 포장지에 대해 실질적인 조치를 취하는 경우도 매우 드물다. 도대체 왜 이런 일이 일어날까?

이 문제에 대한 답은 포장지를 친환경으로 대체하는 것이 매우 어렵기 때문이다. 유독 포장지가 친환경으로 전환하기 어려운 이유는 포장지만이 가지는 여러 특성 때문이다. 우선 포장지는 상품의 이미지이므로 미적 기준을 충족해야 신선도, 편의성 및 식품 안전을 보장해야 한다. 그런데 탄소발자국을 최소화하면서 동시에 이것을 진행하는 것이 쉬운 일은 아니다.

그럼에도 불구하고 소비자의 3분의 2(67%)가 재활용 가능한 포장지에 대한 필요성을 느끼고 있다는 조사가 있다. 앞으로 지속 가능한 포장지의 세계 시장은 2020년 3,050억 달러에서 2027년까지 4,700억 달러로 높아진다.

이런 가운데 버섯과 곰팡이로 기존의 스티로폼과 매우 유사한 포장재를 만드는 기술이 등장해 주목받고 있다. 기존의 스티로폼은 90%의 공기와 폴리스티렌으로 이루어진 매우 가벼운 성질을 가진 포장재다. 그런데 버섯과 곰팡이로 만들어지는 스티로폼 역시 가볍고 성형하기 쉽고 생산하기 쉬운 성질을 갖고 있다. 이것은 포장에 사용되는 재료에 대한 모든 유리한 특성을 다 갖추고 있다고 할 수 있다.

버섯과 곰팡이로 만들어지는 스티로폼은 기존 스티로폼과 동일한 비용으로 생산할 수 있을 뿐만 아니라 기존 스티로폼보다 잘 타지 않는 성질까지 갖고 있어 더 유리한 장점도 가진다. 하지만 제품의 유일한 단점은 수명이 짧다는 부분이다. 이 재료는 생분해성이기에 약 한 달 안에 완전히 분해되는 성질을 가지고 있는 것이다. 제품의 유통기한이 긴 제품의 포장지로는 적합하지 않을 수 있으나 짧은 공급망을 이용하는 기업에는 적합한 친환경 포장재로서의 역할을 할 수 있다.

자연에서 생분해되는 바이오플라스틱인 폴리하이드록시부티레이트(PHB)

플라스틱 쓰레기 문제를 해결하기 위해 생분해되는 성질을 가진 바이오플라스틱 개발이 한창이다. 폴리하이드록시부티레이트(PHB)는 대표적 물질로 자연 환경에서 얻은 탄수화물을 미생물로 발효시켜 만든 바이오플라스틱이다. 바이오플라스틱에 대해 연구하기 시작한 것은 최근이나 폴리하이드록시부티레이트(PHB)의 등장으로 첫 번째 성공적인 결과가 시장에 나오기 시작한 것이다. 생물공학에서는 이 폴리하이드록시부티레이트(PHB)를 생분해성을 가진 최초의 열가소성 플라스틱이라고 일컫기도 한다. 폴리하이드록시부티레이트(PHB)는 보통의 환경에서 매우 안정적인 플라스틱 포장지로 사용할 수 있으며 폐기물로 버려지면 서서히 분해되어 없어지는 성질을 갖고 있다.

이러한 재료의 가능한 적용 범위는 직물에서부터 가구, 식품에 이르기까지 매우 다양하다. 다 쓰고 난 후 재활용도 가능하다. 만약 업계 전체가 이 소재로 전환하면 환경오염과 해양의 미세 플라스틱 확산을 줄이는 데 크게 기여할 수 있다.

안타까운 것은 생산 공정과 관련된 문제로 인해 현재 이 소재를 전문적으로 생산하는 기업이 소수라는 점이다. 또한 폴리하이드록시부티레이트(PHB)가 자연에서 생분해될 때 물과 이산화탄소가 생성되는데 이때 발생하는 온실가스를 처리하는 기술까지 더해져야 한다. 이런 부분의 기술보강이 이루어진다면 폴리하이드록시부티레이트(PHB)는 시장에서 엄청나게 성장한다.

기술33

종이 포장재를 대체할 성형 펄프 기술

종이는 펄프로 만들어지기 때문에 플라스틱과 비닐에 비해 친환경이라고 생각하는 경향이 있다. 만약 종이를 그 자체로만 사용한다면 이것은 맞는 말이다. 그러나 종이를 포장재로 쓸 경우 또 다른 환경적 문제가 생긴다. 포장재는 외부 자극을 줄이기 위해 반드시 코팅을 해야 하기 때문이다. 우리가 흔히 접하는 종이컵을 보라. 종이컵이 100% 종이로만 이루어졌다고 생각하는 어리석은 사람은 없을 것이다. 종이컵에 플라스틱 코팅이 되어 있기에 우리는 종이가 젖을 염려 없이 종이컵에 담긴 커피를 마실 수 있는 것이다.

종이 포장재에는 주로 폴리에틸렌(PE) 코팅이 더해지는데 이 경우 종이를 재활용하려 해도 기술적으로 어려운 부분이 있다. 폴리에틸렌 코팅을 모두 벗겨내야 재활용이 가능하기 때문이다. 이에 대한 대안으로 생분해플라스틱인 폴리젖산(PLA)으로 코팅하는 기술이 나왔으나 이 역시 생분해가 잘 되지 않아 재활용이 어려운 경우가 많은 것으로 나타났다. 종이 포장재는 이러한 문제를 해결해야 하는 난관에 놓여 있다.

이런 가운데 등장한 성형 펄프는 하나의 대안이 될 수 있다. 이것은 기존의 종이, 사탕수수, 밀 또는 대나무 빨대와 같은 다양한 섬유질 재료를 가공하여 만들어진다. 이 공정에서 어떤 화학 물질도 사용되지 않고 물도 재사용되기 때문에 물 낭비도 없다. 이러한 성형 펄프의 가장 큰 장점은 기존 종이 포장재와 달리 모양에 맞게 성형이 가능하기에 조립이 필요하지 않다는 점이다. 그래서 이것을 성형 펄프라고 부른다.

기존의 종이 포장재는 만드는 과정에서 복잡한 공정을 거치나 성형 펄프는 중간 과정 없이 최종 목적물이 만들어지므로 공정도 매우 간단하고 빠르게 개선될 수 있다.

물론 성형 펄프의 기술이 아직 완전한 궤도에 오른 것은 아니지만 지난 몇 년 동안 제조 기술이 크게 향상되었다. 보다 부드럽고 세련된 모양과 느낌을 제공하여 지속 가능한 혁신을 통해 소비자에게 고품질 경험을 제공하려는 가장 까다로운 회사에게도 적합하다.

그렇다면 성형 펄프는 플라스틱 코팅 없이 음료 포장도 가능할까? 한 회사에서 성형 펄프를 이용하여 불침투성 재사용 병을 만드는 실험에 성공했다. 이렇게 만들어진 성형 펄프 용기는 유리병보다 탄소 영향이 90%, 페트병보다 30% 적은 것으로 나타났다.

한국제지에서 2020년 국내 최초로 플라스틱 코팅이 필요 없는 종이 포장재 '그린실드'를 출시했다. 한국제지는 자체 개발한 특수 코팅인 '친환경 Barrier 코팅' 기술개발에 성공했다. Barrier 코팅은 생분해 성질을 갖고 있기에 별도의 코팅 분리 없이도 재활용이 가능하게 설계되어 있다. 그린실드는 물과 기름에도 강해 기존의 종이 포장재의 대안으로 떠올랐다. 또한 미세플라스틱 걱정도 할 필요 없다. KCL 식품 안전성 인증 및 미국 식품의약국[FDA] 식품 포장 안전성 인증을 획득하였기 때문이다. 이에 종이 포장재를 대량으로 사용하는 국내 각 기업들이 종이 포장재를 그린실드로 바꿀 계획이다.

기술34
친환경적으로 식품 저장을 하는 옥수수 전분 포장 기술

옥수수 전분 포장은 식품 저장과 관련하여 가장 널리 퍼져 있는 친환경 기술 중 하나다. 아마 여러분도 테이크아웃 식품에서 이미 사용했을 가능성이 있다. 이 생분해성 물질은 옥수수 전분에 포함된 당의 발효와 폴리락트산의 가공으로 얻어진다. 이러한 옥수수 전분 포장 기술은 음료를 담는 컵이나 식료품을 담는 포장지를 만드는 데 사용할 수 있다. 또 완충재로 사용되는 스티로폼의 대안으로 사용할 수 있다.

이러한 옥수수 전분 포장재는 가격 면에서 비싸지 않기 때문에 기존 포장재의 대안으로 사용되고 있기는 하나 문제점이 없는 것은 아니다. 왜냐하면 옥수수 자체가 식용으로 사용되는 것인데 이것을 포장재 원료로 사용하는 것이 경제적으로 타당한가의 갈등이 있기 때문이다. 현재 세계의 식품 시스템이 얼마나 불평등하고 후진국의 사람들이 식품에 접근하기가 얼마나 어려운지를 고려할 때 저렴하고 영양가 있는 식품을 사용하여 포장재를 만드는 것이 장기적으로 지속 가능한 것으로 간주될 수 있는지 여부는 큰 문제일 수밖에 없다.

또한 옥수수를 재배하는 과정에서 이미 온실가스를 다량 배출하기 때문에 이것이 과연 친환경에 얼마나 기여하는가의 문제도 있다.

이런 문제들에 대한 해결책은 결국 교육, 시스템 적응 및 기술 발전을 통해서만 대안이 세워질 수 있다. 소비자에게는 다양한 포장 옵션과 이를 처리하는 최선의 방법에 대해 교육하는 것이 중요하고, 정책 입안자에게는 사용자가 최선의 선택을 하도록 지원하고 기업이 최신 포장 기술을 유지할 수 있는 인프라에 투자하도록 교육하는 것이 중요하다. 또 투자자와 기부자에게는 친환경 포장 기술 발전에 계속 자본을 투자하도록 교육하는 것이 핵심이다.

기술35

전기차 충전 속도를 200배나 줄이는 양자배터리 기술

탄소연료에서 에너지를 얻는 기존 자동차와 달리 전기 자동차는 배터리에 의존한다. 오랫동안 전기차 배터리는 탄소연료에 비해 에너지 밀도가 훨씬 낮았기 때문에 상용화되지 못하고 있었다. 그러나 배터리 기술의 점진적인 발전으로 인해 전기자동차의 에너지 효율 범위는 휘발유 자동차와 비교하여 허용 가능한 수준까지 도달하게 되었다.

그럼에도 불구하고 오늘날의 전기자동차 배터리 충전 속도가 너무 느리다는 문제에 직면해 있다. 현재 전기자동차는 집에서 완전히 충전하는 데 약 10시간이 걸린다. 충전소에서 가장 빠른 경우라도 차량을 완전히 충전하려면 최대 20~40분이 소요된다. 이는 고객 입장에서 기존 차와 비교하여 여간 불편한 일이 아닐 수 없다.

이 문제를 해결하기 위해 과학자들은 양자 물리학에서 답을 찾았다. 이 새로운 메커니즘의 양자 배터리 기술은 2012년 알리키 Alicki와 판네스 Fannes의 논문에서 처음 제안되었다. 이 이론에 따르면 양자 얽힘의 원리를 이용하면 배터리 내의 모든 셀을 집단적으로 동시에 충전하는 방법이 생긴다는 것이다. 현대의 고용량 배터리는 서로 독립된 수많은 셀을 포함하고 있기에 집단 충전이 불가능하다.

과학자들은 이 양자 배터리 기술을 현실화하기 위한 연구를 계속하고 있다. 최근에는 이 양자 배터리를 설계하는 명시적인 방법을 찾아내는 수준까지 도달했다. 또한 이 방식으로 얼마나 많은 충전 속도를 달성할 수 있는지도 정확하게 정량화해 내는 단계까지 도달했다. 예를 들어 약 200개의 셀이 포함된 배터리가 있는 일반 전기자동차는 200개의 셀을 병렬식으로 차례차례 충전하는 방식으로 충전이 이루어진다. 하지만 양자 충전을 사용하면 200개의 셀이 집단적으로 동시에 충전된다. 이를 통하여 양자 배터리는 기존 배터리보다 속도가 200배 빨라진다는 계산이 나온다. 이는 충전 시간이 10시간에서 약 3분으로 단축되며, 고속 충전에서도 충전 시간이 30분에서 불과 몇 초로 단축된다는 것을 의미한다.

재생에너지를 이용하여 합성연료와
화학물질을 생산하는 기술

인도네시아는 보르네오 북부 칼리만탄에 녹색산업단지를 건설하려는 계획을 추진하고 있다. 그런데 이 녹색산업단지에 적용할 기술인 Power-to-X(P2X)가 주목받고 있다. P2X는 재생에너지를 이용하여 합성연료와 화학물질을 생산하는 기술이기 때문이다. 만약 이 기술이 적용되면 친환경 합성연료 및 화학 산업의 발전을 촉진하는 모멘텀을 제공할 수 있다.

P2X 기술에서 가장 중요한 과정은 전기분해다. 수소를 생산하기 위해 물을 전기분해하고, 합성 가스 및 탄화수소(일반적으로 석유 오일 및 가스에서 파생되는 화합물)를 생산하기 위해 이산화탄소를 전기분해한다. 질소를 생산하기 위해 암모니아를 전기분해하고, 과산화수소를 얻기 위해 공기 중의 산소를 전기분해한다.

중요한 것은 전기분해할 때 사용하는 에너지가 기존 화석연료가 아닌 친환경 재생에너지여야 한다는 사실이다. 그런 면에서 P2X 프로세스의 핵심은 수소 생산이다. 수소야 말로 친환경 재생에너지이기 때문이다.

이러한 수소에너지는 이산화탄소를 전기분해하는 데 이용될 수 있다. 이산화탄소의 전기분해를 통해 만들어지는 물질은 합성 가스, 포름산(고무 산업용), 메탄올 및 에탄올(대체 연료) 등이다. 또 비료의 핵심원료인 질소를 얻기 위해 암모니아를 전기분해하는 에너지원으로도 이용될 수 있다.

　이렇게 재생에너지인 수소를 사용하여 만들어낸 합성 천연 가스 및 메탄올은 정유공장에 보내져 녹색 연료로 사용되므로 친환경 에너지 산업에도 도움을 주게 된다.

5

친환경에너지 기초 기술 13

태양으로 전기를 만드는 태양광발전 기술

물리학의 에너지 전환의 법칙에 따라 에너지는 전환되는 성질이 있다. 운동에너지를 전기에너지로 전환할 수 있고 마찬가지로 빛에너지를 전기에너지로 전환할 수 있다. 이러한 성질을 이용하여 태양의 빛에너지를 전기에너지로 전환시키는 기술이 있다면 지구의 에너지 역사에 엄청난 일이 될 것이다. 태양의 빛에너지는 거의 반영구적으로 사용할 수 있기 때문이다.

그래서 탄생한 것이 태양전지 기술이다. 즉 태양의 빛에너지를 전기에너지로 전환시키는 원리를 적용한 것이 태양전지다.

태양빛이 태양전지의 판에 부딪치면 광전효과가 일어난다. 여기서 광전효과란 광자(빛)가 특정한 물질과 부딪히면 전자를 발생시키는 현상을 뜻한다. 이 광전효과에 의해 전자가 발생하여 반도체로 이루어진 태양전지 판에서 전자의 이동이 생기게 된다. 전자의 이동이 일어나고 있다는 뜻은 곧 전류가 흐른다는 뜻과 같다. 따라서 전자의 이동에 의해 전류가 흐르고 이 전류의 흐름이 전기를 발생시켜 전기에너지가 만들어진다.

태양전지는 이런 원리로 전기를 만들어내게 되고 이러한 태양전지를 대규모로 설치한 시설을 태양광발전이라고 한다.

떨어지는 물의 힘으로 전기를 만드는 수력발전 기술

수력에너지는 물리학의 역학적 에너지 보존 법칙에 의해 만들어진다. 역학적 에너지란 물체의 운동에너지와 위치에너지를 합한 에너지의 값을 나타내며 역학적 에너지 보존 법칙이란 이러한 역학적 에너지의 합이 항상 일정함을 뜻한다.

운동에너지란 물체가 운동할 때 생기는 에너지고 위치에너지란 물체가 위치에 따라 갖는 에너지다. 같은 질량이라고 했을 때 물체의 운동에너지는 물체의 속도가 빠를수록 커진다. 반면 위치에너지는 물체가 높은 곳에 있으면 위치에너지가 크고 낮은 곳에 있으면 위치에너지가 작아진다. 즉 물체의 높이에 따라 위치에너지의 크기가 달라지는 것이다.

그런데 이때 운동에너지의 크기는 위치에너지와 반대가 된다. 예를 들어 물이 높은 곳에 정지해 있을 때 위치에너지는 최대지만 운동에너지는 0이다. 이제 물이 아래로 떨어지면 위치에너지는 점점 작아지지만 운동에너지는 점점 커진다. 물이 가장 낮은 곳에 떨어지려는 순간 위치에너지는 가장 작아지지만 운동에너지는 가장 커진다.

수력에너지는 바로 이 원리를 이용하여 발전기를 통하여 전기에너지를 만들어낸다.

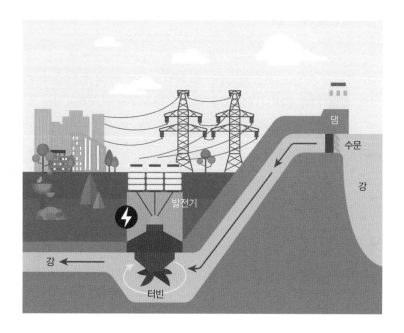

수력발전소는 저수지에 높은 댐을 만들어 그곳에서 물이 아래로 떨어지게 한다. 이때 높이의 차에 의해 만들어진 운동에너지가 최대로 됐을 때 발전기의 터빈을 돌리게 한다. 발전기는 운동에너지를 전기에너지로 전환시켜 전기를 만들며, 이렇게 만들어진 전기는 변전소를 거쳐 각 가정으로 보내지게 된다.

바람의 힘으로 화석연료를 대신하는 풍력발전 기술

풍력에너지는 바람의 힘에 의한 운동에너지를 이용하는 에너지다. 바다 가까운 곳을 지나다 보면 커다란 풍력발전기가 돌아가는 모습을 볼 수 있다. 발전기란 각종 에너지를 전기에너지로 바꾸는 장치로 풍력발전기는 바람의 운동에너지를 전기에너지로 바꾸는 장치라 할 수 있다.

바람이 불면 풍력발전기의 날개(블레이드)가 회전하면서 운동에너지를 만들어낸다. 풍력발전기의 뒷부분에 발전기가 설치돼 있는데 이 발전기에서 운동에너지를 전기에너지로 전환시킨다. 이렇게 만들어진 전기에너지가 변전소를 거쳐 각 가정으로 보내지게 되는 것이 풍력발전의 원리다.

풍력발전기는 바람에너지의 60%까지 전기에너지로 전환할 수 있다.

파도의 에너지를 이용하는 파력발전 기술

바다는 바람의 영향으로 끊임없이 파도가 몰아치고 있다. 파도를 보고 있노라면 그 힘이 대단하다는 느낌을 받게 된다. 만약 이 파도의 힘을 에너지로 사용할 수 없을까, 하는 생각에서 파력발전의 개념이 탄생하였다.

파력발전은 파도의 운동에너지를 전기에너지로 만드는 시스템이다. 파력은 태양광이나 풍력에 비해 날씨의 영향을 적게 받고 또 24시간 작동할 수 있다는 점에서 큰 장점이 있다.

파력발전의 원리는 생각보다 간단하다. 파력발전기 내부에는 공기실이라는 장치가 있는데, 파도 칠 때의 힘이 이 공기실의 공기를 압축하면 이때 밀려난 기존의 공기가 터빈을 돌려 전기를 발생시키는 방식이다.

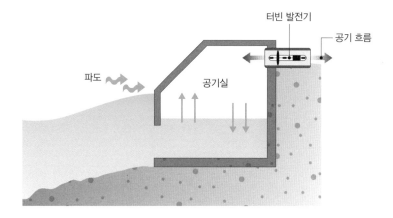

우리나라에서 파력발전 기술이 본격적으로 등장한 것은 2016년 제주 용수리에서다. 이곳에 설비용량 500kW급의 실증 파력발전소를 세웠다. 여기서 실증 파력발전소란 아직 본격적 파력발전소가 세워지지 않았음을 뜻한다. 전력생산을 위해 실증실험을 진행하는 발전시설인 것이다.

기술41

밀물과 썰물의 힘을 활용하는 조력발전 기술

지구의 바다는 달이 끌어당기는 힘의 영향으로 6시간 간격으로 밀물과 썰물이 교차하는 운동이 끊임없이 일어나고 있다. 6시간 동안 밀물이 밀려들어오고 또 6시간 동안 썰물이 빠져나간다. 이런 운동을 에너지로 사용할 수 없을까, 하는 아이디어에서 조력발전 개념이 탄생하였다.

조력발전의 원리는 밀물과 썰물이 일으키는 힘을 이용하여 터빈을 돌림으로써 이 운동에너지를 전기에너지로 전환하는 방식으로 이루어진다. 즉 밀물이 밀려올 때 그 힘으로 터빈의 날개가 돌아가는데 이 운동에너지를 전기에너지로 전환하여 전기를 얻는 것이다. 한편 이렇게 들어온 밀물은 댐 장치(저수지)를 이용하여 모아두게 된다. 그리고 썰물 때가 되면 이 물들이 빠져나가면서 다시 터빈의 날개를 돌리게 된다. 이때 댐의 높이가 높을수록 빠져나가는 물의 힘은 더욱 크게 작동하게 된다.

우리나라의 서해안은 조수간만의 차(밀물과 썰물 때의 높이 차)가 높기로 유명하다. 이 때문에 일찌감치 조력발전소가 곳곳에 세워졌다. 시화호에 세워진 조력발전소는 2004년에 건설하기 시작하여 2011년에 완성했는데 그 발전 용량이 254MW로 세계 최대급이다.

하지만 댐 건설 위주의 조력발전은 바다의 환경에 피해를 입힐 수 있다는 점에서 기술의 개선이 필요하다. 댐을 쌓아 만든 저수지가 바다 생태계를 교란시키는 작용을 할 수 있기 때문이다. 또한 댐 시설 자체도 바다 환경에 나쁜 영향을 미칠 수 있다.

기술42
바다 오염에 덜 피해를 주는 조류발전 기술

댐을 쌓는 방식의 조력발전이 바다 환경에 영향을 끼친다는 비판에 따라 새로운 기술로 등장한 것이 조류발전 기술이다. 조류발전은 댐을 건설하는 것과 같은 특별한 시설 없이 바닷물 속에 소형 터빈과 회전날개를 설치하여 발전하는 기술이다. 이는 바다 환경 오염에 덜 피해를 주는 방식이므로 앞으로 조력발전보다 조류발전이 대세를 이룬다.

조류발전의 원리도 조력발전처럼 간단하다. 바다 밑에 회전날개가 달린 소형 조류발전기를 설치하기만 하면 된다. 조력발전과 같은 원리로 조류의 움직임에 따라 이 회전날개의 회전력을 전기에너지로 전환시켜 전기에너지를 얻는 방식이다. 이렇게 얻어진 전기에너지는 해저케이블을 통하여 육지의 발전소로 보내진다.

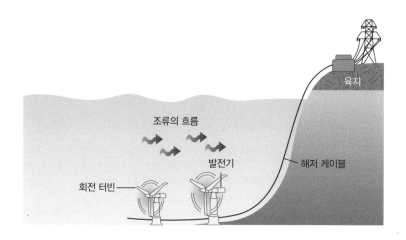

우리나라에서 가장 조류가 빠른 곳은 전라남도 진도에 있는 울돌목이다. 우리나라는 2009년에 이곳 울돌목에 시험 조류발전소를 설치하여 시험운행 중에 있다. 조류발전의 성공여부는 결국 조류발전의 상용화 기술에 달려 있다. 바다에서 해양에너지를 개발하는 기술은 많은 비용이 발생하기에 적극적인 투자가 필요하다.

재생에너지를 이용하여 수소를 얻는 수소에너지 기술

수소 기체는 불을 붙이면 폭발하는 성질이 있다. 이것은 에너지로서의 가치가 있음을 뜻하는 것이다. 수소 기체가 타는 과정을 반응식으로 나타내면 다음과 같다.

$$수소 + 산소 \xrightarrow{\text{열}} 물(수증기)$$

수소 기체는 산소와 반응하여 격렬히 타면서 물(수증기)만 발생시키므로 오염물질을 만들어내지 않는다. 이 때문에 수소는 친환경 에너지로서 손색이 없다.

수소에너지 기술에서 가장 중요한 점은 수소를 어떻게 얻느냐에 달려 있다. 수소는 석유나 천연가스 등 다른 물질에서도 얻을 수 있으나 이렇게 얻은 수소는 그 과정에서 오염물질이 발생하므로 친환경 에너지로서 자격을 상실하게 된다. 따라서 오염물질이 거의 발생하지 않는 물의 전기분해로 수소를 얻는 기술이 가장 중요하다. 물을 전기분해하여 수소를 얻는 것은 다음과 같은 아주 간단한 장치만 필요할 뿐이므로 아주 쉽다. 보글보글 올라오는 기체 중 하나는 산소이고 하나는 수소이기 때문이다.

전기분해란 전기에너지를 통하여 물질을 분해하는 것을 말하

며, 물의 전기분해는 다음과 같은 반응을 통하여 수소를 만들어
낸다.

$$물(수증기) + 전기 \longrightarrow 수소 + 산소$$

하지만 이렇게 수소를 얻을 때 문제가 되는 것은 전기에너지가
필요하다는 점이다. 즉 이때 소모되는 전기에너지 대비 수소에너
지의 경제적 효율이 더 높아야 수소에너지를 사용할 수 있다. 안
타깝게도 현재까지의 기술로는 이렇게 생산되는 수소에너지의 경
제적 효율이 그렇게 높지 않은 상황이다. 그러다 보니 수소에너지
의 사용이 아직 대중화되지 못하고 있다.

이에 따라 재생에너지를 이용하여 물을 전기분해하는 방법이
떠오르고 있다. 재생에너지를 이용한 수소의 생산과 관련하여 우
리나라 기업 중 이엠코리아가 태양광발전 전력을 이용하여 물을
전기분해 함으로써 수소를 얻는 데 성공하였다. 이엠코리아는 이
러한 수소 제조 장치를 수소충전소 등에 공급하고 있다.

고갈될 염려가 없는 생물체를 기반으로 하는 바이오에너지 기술

화석연료는 지각이 생긴 이후부터 오늘날까지 살았던 플랑크톤이 화석화되어 생성된 것으로 추정되고 있다. 플랑크톤이란 물에 떠도는 부유 생물을 말한다. 여기에서 우리는 화석연료가 생물체를 기반으로 했다는 사실을 알 수 있으며 여기에서 착안한 것이 바이오에너지다.

바이오에너지의 원료는 생물체를 기반으로 한다. 생물은 계속 자라거나 새롭게 생성되므로 화석연료처럼 고갈될 염려가 없다는 장점을 가진다. 또한 다른 재생에너지(태양광, 풍력, 조력 등)가 대부분 형태가 없는 데 반해 일정한 형태를 가지기 때문에 저장성이 우수하다는 장점도 있다. 또 화석연료처럼 중금속 등의 유해물질도 포함되어 있지 않아 친환경 연료로도 손색이 없다. 바이오에너지가 연소할 때 발생하는 온실가스인 이산화탄소를 염려하는 사람도 있으나 식물기반 바이오에너지의 경우 식물이 이 이산화탄소를 흡수하므로 상쇄되는 효과가 있다.

이러한 바이오에너지 기술은 생물체가 다양한 것처럼 다양한 분야에서 기술이 발전되어 왔다. 바이오에너지의 대표적 예로는 옥수수와 같은 곡물이나 나무, 볏짚 등의 당분을 발효시켜 만드는 바이오에탄올을 들 수 있다. 이러한 바이오에탄올은 휘발유를 대신하여 사용할 수 있다. 또 콩이나 유채에서 식물성 기름을 추출해 만드는 바이오디젤이 있는데 이것은 경유를 대신하여 사용할 수 있다. 최근 해양 바이오디젤을 생산하는 기술이 개발되었는데 이는 미세조류를 배양해서 기름을 추출해 생산하는 기술을 사용한다.

뜨거운 지구로 얻은 지열에너지 기술

우리는 광맥을 캐기 위해 광산의 지하를 뚫고 들어가는 광부들이 더위에 땀을 뻘뻘 흘리는 모습을 본 적이 있다. 이러한 현상이 일어나는 이유는 지구의 지하로 내려갈수록 뜨거워지는 성질이 있기 때문이다. 우리는 지구의 속이 매우 뜨겁다는 사실을 알고 있다.

지구의 어떤 지역은 이러한 지하의 열이 거의 지표에 드러나 물이 펄펄 끓는 현상을 눈으로 볼 수 있는 지역도 있다. 이 지역은 펄펄 끓는 물이 만들어내는 수증기의 힘으로 터빈을 돌려 전기에너지를 만들어 사용하고 있다.

하지만 지구 대부분의 지역은 평균 지표의 온도가 상온에 머물러 있다. 이런 지역에서 지열에너지를 이용하기 위해서는 땅을 뚫고 내려가야 한다. 실제 지하 수킬로미터 아래의 화강암 지층은 온도가 160도에서 180도의 고온을 나타낸다. 이곳까지 파고들어가 파이프를 끼우고 이 파이프에 물을 내려 보내면 물이 가열되면서 수증기가 올라올 것이다. 이 수증기의 힘으로 터빈을 돌려 전기에너지를 얻는 방식이 지열에너지 발전 기술이다.

기술46

전기를 만들어내는 수소 연료전지 기술

우리는 물을 전기분해하여 수소를 얻는 방법에서 뭔가 힌트를 얻을 수 있다. 그것은 수소를 얻는 반응을 거꾸로 돌려보는 것이다. 앞에서 수소가 만들어지는 반응식은 다음과 같았다.

$$\text{물(수증기)} \xrightarrow{\text{전기}} \text{수소} + \text{산소}$$

이 반응을 거꾸로 돌리면 다음과 같게 된다.

$$\text{수소} + \text{산소} \longrightarrow \text{물(수증기)} + \text{전기}$$

즉 수소를 다시 산소와 반응시키면 이번에는 거꾸로 물과 전기가 만들어지는 것이다. 즉 수소에너지는 수소 자체를 휘발유처럼 연료로 사용하는 것이었으나 역반응을 이용하면 아예 전기를 발생시킬 수 있는 장치가 만들어지는 것이다. 이런 원리를 이용하여 만든 것이 바로 연료전지다.

연료전지는 각 연료극(수소반응극과 산소반응극)과 전해질막, 촉매로 구성되어 있다. 이 연료전지에 수소와 공기를 넣어 주면, 1차적으로 수소가 수소반응극에서 촉매와 만나 수소이온($H+$)과 전자($e-$)로 쪼개진다. 이 중 수소이온은 전해질막을 통과해 산소반응극에서 산소와 만나 물(H_2O)이 된다. 한편 수소에서 쪼개져 나온 전자($e-$)는 회로를 돌며 전류를 발생시킨다. 이렇게 하여 전기가 얻어지는 것이 연료전지다.

이러한 연료전지는 수소자동차에 쓰이기도 하고 발전소에 쓰이기도 한다. 휴대용 소형 연료전지 기술은 아직 대중화되지 못하고 있는데 이 기술이 발전하면 각종 전자기기에 연료전지가 쓰인다.

기술47

재충전하여 쓰고 또 쓰는 전기자동차 배터리 기술

흔히 자동차는 엔진이 있고 여기에서 연료가 연소할 때 발생하는 에너지를 운동에너지로 전환하여 달리는 구조다. 이때 사용되는 연료가 화석연료고 이것이 기후변화의 주범으로 밝혀졌기에 개발된 것이 전기자동차다.

전기자동차에서 핵심기술은 배터리다. 즉 기존 자동차의 핵심이 엔진이라면 전기자동차의 핵심은 배터리가 되며 이 배터리의 전기에너지를 운동에너지로 전환하여 전기자동차는 달리게 된다.

이러한 전기자동차 배터리 기술에서 중요한 것이 2차전지 기술이다. 전지는 1차전지와 2차전지로 구분되는데 건전지와 같이 한 번 쓰고 버리는 전지를 1차전지라고 하고 핸드폰 배터리와 같이 여러 번 재충전이 가능한 전지를 2차전지라 한다.

이러한 2차전지 중 가장 기술적으로 앞서 있는 것이 리튬이온 배터리다. 리튬이온 배터리는 이전의 2차전지 보다 가볍고 에너지 효율도 더 크다. 이러한 리튬이온 배터리의 장점 때문에 전기자동차 배터리도 리튬이온 배터리가 사용된다.

리튬이온 배터리의 충전이 이루어지는 방식은 다음과 같다.

배터리를 도선으로 연결하면 음극의 리튬이 리튬이온과 전자로 분리된다. 여기에서 생성된 전자는 도선을 따라 양극으로 이동하는데 이때 전기가 생성된다. 한편 리튬이온은 분리막을 통과하여 양극으로 이동하게 되는데, 이때 충전을 통하여 전기를 가하면 양극에 모인 전자와 리튬이온이 다시 음극으로 이동하면서 충전이 이루어지게 된다.

전기자동차의 배터리는 이러한 단위 구조의 리튬이온 전지를 수백, 수천 개 결합하여 하나의 배터리로 만든다. 그런데 이러한 각 전지들은 병렬로 연결되기 때문에 충전에 많은 시간이 소요되는 것이다. 현재 전기자동차의 대중화를 위해서는 이 배터리 기술 수준이 높아져야 한다.

기술48

빠르게 충전되고 더 오래 가는
수소자동차 배터리 기술

요즘 수소자동차가 도로 위를 달리는 모습을 볼 수 있다. 그리고 가스차의 충전소가 있는 것처럼 수소자동차의 수소 충전소가 있는 모습도 볼 수 있다. 아직 대중적으로 인기가 있는 것은 아니지만 수소자동차 시대가 이미 열리고 있는 것이다.

이러한 수소자동차의 핵심 기술은 자동차 내부에 설치되어 있는 수소 연료탱크와 수소 연료전지에 있다. 수소 연료탱크에는 수소가 들어 있으며 수소 연료전지는 전기에너지를 만들어내는 핵심 장치다. 앞에서 수소 연료전지의 작동원리를 보면 음극에서 수소를 공급해 줘야 한다. 그러면 연료전지가 반응하여 전기를 만들어낸다. 자동차는 이 전기에너지를 운동에너지로 바꿔 달릴 수 있게 되는 것이다.

수소의 공급은 수소충전소에서 받을 수 있는데 충전 시간은 불과 3분 안팎이다. 시간 면에서 전기자동차보다 훨씬 유리하다. 그리고 수소자동차는 한 번 충전하면 무려 700km를 달릴 수 있다. 이 역시 전기자동차보다 우월하다. 그러나 수소자동차는 연료가격이 여전히 화석연료보다 비싸며 무엇보다 가스를 충전하는 것이기에 폭발 위험이 있다는 단점이 있다.

기술49

대기오염을 줄이는 하이브리드
자동차 핵심 기술

하이브리드hybrid는 '혼성'을 뜻하는 말로, 자동차에서는 전기와 내연기관의 혼성 구조로 된 자동차를 하이브리드 자동차라 부른다.

하이브리드 자동차의 특징적 구조는 가솔린 엔진과 전기모터가 결합되어 있다는 점이다. 이것은 하이브리드 차가 달릴 때 엔진 시스템과 모터 시스템이 모두 이용된다는 사실을 나타낸다. 차의 시동을 걸 때나 출발할 때는 전기모터의 작동으로 움직인다. 그러나 도로 위를 달릴 때나 고속 주행시에는 엔진 시스템이 주가 되고 전기모터는 보조 동력원이 된다. 이때 전기모터는 차량 내부의 고전압 배터리로부터 전원을 공급받게 되는데, 이 배터리는 자동차가 움직일 때 재충전되는 시스템으로 이루어져 있다.

하이브리드 자동차는 기술 수준에 따라 3단계로 발전해 왔다. 1단계 하이브리드 자동차(마일드 하이브리드)는 거의 내연기관 자동차 수준이었다. 전기만으로는 구동할 수 없으며 엔진에 큰 부하가 걸릴 때 보조 동력원으로서만 전기가 사용되었다. 2단계 하이브리드 자동차(플러그인 하이브리드)는 엔진과 전기를 번갈아 사용할 수 있는 시스템으로 발전하였다. 전기만으로 40킬로미터 정도를 달릴 수 있으며 전기충전도 가능하다. 3단계 하이브리드 자동차(풀 하이브리드)는 엔진 부하가 적은 상황(저속으로 달리거나 고속도로 주행 등)에서는 전기로 달릴 수 있다. 앞바퀴는 엔진, 뒷바퀴는 전기로 구동하는 4륜구동 시스템을 갖추고 있다.

하이브리드 자동차는 질소산화물의 배출량을 약 20% 감소시킬 수 있으므로 일반 자동차에 비해 대기오염에 덜 영향을 미친다. 그러나 여전히 화석연료를 사용한다는 점에서 친환경 자동차라고 할 수 없기에 완전 전기자동차의 개발로 이어지게 되었다.

6

친환경에너지 응용 신기술 30

흐린 날에도 사용할 수 있는 적층형 고효율 태양광 기술

기존의 태양광 에너지를 얻는 기술은 간단하다. 우리가 흔히 보는 태양광 패널(판자) 속에는 반도체(도체와 부도체의 중간 정도인 물질)가 들어 있는 태양전지가 들어 있어 이 태양전지가 빛과 반응하면서 전기에너지를 만들어내는 원리다. 하지만 흐린 날에는 이러한 태양전지의 전기 생산량이 급격히 줄어들고 또 이렇게 만든 전기를 저장하는 데에도 어려움이 있다.

이런 문제를 해결하기 위하여 개발된 기술이 적층형 태양전지다. 적층이란 하나씩 포개어 층을 이룬다는 뜻이므로 적층형 태양전지란 서로 다른 성질을 가지는 두 개의 태양전지를 포개어 만든 전지를 뜻한다. 이 적층형 태양전지는 기존의 태양전지보다 에너지 효율이 훨씬 크다. 그 이유는 각각의 단점을 서로 보완할 수 있기 때문이다.

이 적층형 태양전지와 관련하여 2020년 한국연구재단의 한양대 박희준 교수, 아주대 이재진 교수 연구팀이 복층구조의 '탠덤(적층) 태양전지'를 만들어냈다고 발표했다. 이 적층형 태양전지는 페로브스카이트라는 물질로 이루어진 태양전지를 사용하기 때문에 가격도 싸고 손쉽게 만들 수 있어 차세대 태양전지 후보로 손꼽히고 있다.

초고효율, 저가형 무촉매 나노선 태양전지 기술

태양전지는 친환경이지만 가격이 비싼 반면 효율은 떨어진다는 단점이 있다. 태양전지의 이런 결함은 태양전지의 대량화 및 대량 생산에 대한 기술적 한계가 있었기 때문에 나타난 것이었다. 이런 가운데 우리나라 울산과학기술대학교 최경진 교수 공동 연구팀이 무촉매, 무패턴 나노선(극미세 반도체)을 이용한 초고효율 저가형 태양전지를 개발해 냈다.

그동안 반도체 나노선은 금속 촉매를 이용하여 합성해 왔다. 그런데 이 금속 촉매가 방해물로 작용하여 태양전지의 대면적 대량 생산을 방해해 왔다. 그리고 이것이 태양전지의 가격을 높이고 효율을 떨어뜨리는 원인이 되어 왔다.

울산과학기술대학교 연구팀은 이러한 점에 주목하여 무촉매 방식으로 작동하는 반도체 나노선을 개발하였다. 또한 나노선을 실리콘 웨이퍼 상에 균일하게 성장시키는 기술을 세계 최초로 개발하기도 했다. 이러한 무촉매 나노선은 태양전지의 대면적, 대량생산을 가능하게 함으로써 태양전지의 가격을 낮추는 데 크게 기여할 것으로 기대된다.

그뿐만 아니라 이 기술을 한 단계 더 발전시키면 나노선이 흡수하는 태양빛을 마음대로 제어할 수 있기 때문에 초고율 태양전지의 생산도 가능해진다.

기술52

비 오는 날에도 발전 가능한 하이브리드 태양광 나노 기술

기존 태양광발전은 흐리거나 비오는 날에는 효율이 크게 떨어지는 단점이 있었다. 그러나 국립경상대학교의 조대현 융합기술공과대학교 메카트로닉스공학부 교수의 공동연구팀이 비 오는 날에도 발전 가능한 하이브리드 태양광 소자 개발에 성공했다는 소식을 알려 왔다.

하이브리드라는 말은 두 가지 이상이 혼종된다는 뜻이므로 하이브리드 태양광이란 태양광에 또 다른 에너지가 접목된 기술임을 짐작할 수 있다. 이번 연구팀이 내놓은 하이브리드 태양광 기술은 태양광에 마찰전기가 결합된 방식을 사용한다. 여기서 마찰전기는 두 물질이 반복적으로 접촉할 때 발생하는 대전현상을 이용하는 것인데, 이때 내리는 빗물과 태양광 내 물질의 접촉을 통한 마찰전기를 이용하게 된다.

이러한 마찰전기는 태양광과 투명한 상태에서 결합되어야 뛰어난 효율을 낼 수 있다. 이에 연구팀은 잉크젯 프린팅 기술과 은 나노입자를 활용하여 만든 투명전극을 개발하는 데 성공하여 기술의 완성을 이루어냈다.

공간의 한계를 극복한 건물일체형 태양광발전 기술

현재 우리는 건물의 지붕 위에 설치된 태양광패널의 모습을 쉽게 볼 수 있다. 태양광발전이 태양빛의 양에 의존하므로 태양빛에 가장 많이 노출되는 지붕에 태양광패널을 설치하는 것은 쉽게 생각할 수 있는 부분이다. 그러나 지붕형 태양광발전은 공간적 측면에서 어느 정도 한계를 가지는 것이 사실이다.

이런 가운데 건물일체형 태양광발전(BIPV, Building ‐Integrated Photovoltaic) 시스템이 나와 주목받고 있다. 건물일체형 태양광발전은 태양광패널을 지붕뿐만 아니라 건축물 외장재로 사용하는 태양광 발전 시스템을 뜻한다. 건축물 외장재로 태양광패널이 사용되기 위해서는 기존 태양전지를 건축물 외장재에 심는 기술이 이루어져야 한다. 이에 따라 외벽용 태양광패널, 창문용 태양광패널 등의 기술이 이루어지고 있다.

이 기술이 이루어지면 건축물 외장재에 설치된 태양전지에서 생산된 에너지가 모두 건물 내부로 공급될 수 있다. 이것은 기존 태양광발전 시스템보다 훨씬 많은 에너지를 공급할 수 있으므로 태양에너지 활용이 크게 높아져 경우에 따라 한 건물이 개별적으로 에너지 독립을 이룰 수 있는 가능성도 생기게 된다. 또한 설치를 위해 많은 면적을 차지하지 않아도 되기 때문에 우리나라처럼 국토 면적이 작은 국가에서는 활용도가 매우 높아질 것이다.

건물일체형 태양광발전에서 해결해야 할 기술적 과제는 대부분 수직으로 된 건물의 외벽에 패널을 설치해야 하기 때문에 안전하게 구조물을 고정해야 하는 부분이다. 만약 이 안전성이 보장을 받는다면 건물일체형 태양광발전 시장은 크게 성장할 것이다.

기술54

창문으로도 사용할 수 있는 염료감응 태양전지 기술

현대식 건축물의 외벽에서 가장 중요한 부분 중 하나가 바로 투명한 창문이다. 창문을 통해 환기도 시키고 햇볕도 받을 수 있기 때문이다. 이 때문에 대형빌딩에서도 창문이 차지하는 면적이 상당하다는 사실을 쉽게 볼 수 있다. 따라서 건물일체형 태양광발전 시스템이 완성되려면 이 창문에 태양전지 시스템을 설치하는 기술이 이루어져야 한다. 그런데 투명한 창문에 어떻게 태양전지를 설치할 수 있을까?

기존의 태양광패널은 실리콘 기반 반도체를 사용하기 때문에 투명한 패널을 만들 수 없다. 실리콘의 주성분은 이산화규소(SiO_2)로서 모래나 진흙 등이 바로 실리콘으로 구성되어 있다. 이러한 문제를 해결하기 위해 개발된 기술이 '염료감응 태양전지(DSSC, Dye-Sensitized Solar Cell)'이다. 염료감응 태양전지는 실리콘을 사용하지 않고 특정 천연염료를 사용하여 햇빛을 전기로 바꿔주는 기술을 이용한다. 이러한 특정 천연염료는 투명할 뿐만 아니라 다양한 색상도 만들어낼 수 있는 성질을 가진다. 그뿐만 아니라 빛의 조사 각도가 10°만 되어도 전기를 생산할 수 있는 만큼 입사각에 덜 민감하다.

염료감응 태양전지 기술이 상용화될 경우 건물일체형 태양광발전에 상당한 도움을 준다. 또한 빛의 일사량에 대한 민감도도 기존 태양광패널에 비해 덜하기 때문에 흐린 날에도 사용가능하다는 장점도 있다.

버려지는 에너지를 재활용하는 하베스팅 기술

　우리의 생활 속에서 버려지는 폐기물이 있는 것처럼 에너지도 사실 100% 활용되는 것이 아니라 버려지는 에너지도 있다. 예를 들어 가스레인지 불로 음식을 조리한다고 할 때 버려지는 열에너지는 상당하다. 이처럼 버려지는 에너지를 재활용하는 기술이 있다면 이 또한 매우 유익한 에너지 활용이 될 수 있을 것이다. 이런 아이디어에서 나온 것이 에너지 하베스팅 기술이다.

　가스레인지 불처럼 버려지는 폐열을 전기에너지로 전환하여 사용하는 것은 에너지 하베스팅 기술의 대표적 예다. 이것은 열에너지를 전기에너지로 전환하는 원리를 이용하여 열이 발생하는 곳에서 열에너지를 모아 유용한 전기에너지로 바꾸어 사용할 수 있도록 하는 기술이다.

　에너지 하베스팅 기술은 열에너지뿐만 아니라 압력, 운동에너지, 빛에너지 등 여러 종류의 에너지를 전기에너지로 전환하여 사용하는 다양한 기술도 있다.

　이러한 에너지 하베스팅 기술은 에너지 변환 과정에서 별다른 환경오염 물질을 발생시키지 않기에 친환경 기술로서 큰 가치를 가진다. 또한 하베스팅 반응이 단일 재료 내에서 일어나기 때문에

이동성에도 강점을 가지며 크기도 다양하게 조절할 수 있는 장점
도 있다.

전기에너지를 더 많이 얻도록 하는
흡착 지지대 방식 해상 풍력발전 기술

태양광발전의 핵심이 햇빛의 세기이듯 풍력발전의 핵심은 바람
의 세기다. 따라서 풍력발전은 바람이 많이 부는 곳일수록 유리하
다. 지구에서 가장 바람이 많이 불고 세게 부는 곳이 어디일까? 바
로 바다 한가운데일 것이다. 한 번이라도 바다 한가운데까지 나가
본 사람은 바다 한가운데에서 부는 바람의 위력을 알 것이다.

이에 정부에서는 대규모 해상 풍력발전 단지 계획을 세우고 있
다. 여기에 뛰어들 기업들은 다양한 해상 풍력발전 기술들을 쏟아
내고 있다.

해상 풍력발전 기술의 가장 큰 어려움은 역시 풍력발전기의 몸
체를 바다 한가운데서 어떻게 깊숙이 박느냐에 있다. 기존에는 마
치 못 박듯 지지대를 박았기에 힘들기도 하고 시간도 많이 걸렸
다. 하지만 흡착suction 방식의 지지대 기술이 개발되었다. 이것은
지지구조물을 바지선에서 조립해 강력한 흡입 방식으로, 뻘에 박

는 방법으로 이 기술이 실현된다면 풍력발전기 하나를 설치하는 속도가 매우 빨라진다.

또 해상 풍력발전에서 중요한 기술이 기존 풍력발전기보다 날개 길이는 더 길게 하고 무게는 가볍게 해 전력 효율을 높이는 부분이다. 해상에서는 바람의 양과 세기가 육지보다 훨씬 클 것이므로 풍력발전기의 날개를 더 길게 하고 무게를 가볍게 하면 이로 인해 얻어지는 전기에너지의 양도 늘어난다.

기술57

소음과 에너지 효율을 개선한
도시형 소형 풍력발전 기술

우리나라에서 풍력발전이라 하면 대형 풍력발전기가 일반적이라 도심에서는 보기 어렵다. 그러나 소형 풍력발전기가 개발됨으로써 도심 지역에도 설치할 수 있게 되었다.

도심형 풍력발전이 이루어지기 위해서는 두 가지가 해결되어야 한다. 앞에서 이야기한 것처럼 소형화가 이루어져야 하고 또 하나 해결되어야 할 것이 소음을 줄이는 부분이다. 소형화가 이루어지더라도 소음이 해결되지 않는다면 도심에 풍력발전기를 설치하는 것은 불가능하다.

기존 풍력발전기는 수평축 풍력발전 시스템으로 이는 소음을 많이 발생시키는 문제점이 있었다. 수평축 풍력발전의 또 다른 문제점은 고정된 축으로 인하여 모든 방향에서 불어오는 바람을 이용하지 못해 효율이 떨어진다는 점도 있었다. 이를 개선하기 위해 개발된 것이 수직축 풍력발전 시스템이다. 수직축 풍력발전 장치는 소음문제가 해결될 뿐만 아니라 모든 방향에서 불어오는 바람의 힘을 이용할 수 있어 에너지 효율 부분도 개선되었다.

도시형 소형 풍력발전기는 이러한 수직축 풍력발전 기술 중심으로 발전해 오고 있다. 2020년 기준 우리나라에서 소형 풍력발전기는 1,900대 정도가 설치되어 있으며 이는 전 세계 11위 수준에 해당한다. 도시형 소형 풍력발전기가 설치된 예로는 '제2롯데월드 최상층부'와 '한국전력 나주 신사옥 옥상' 등이 있다.

수평축 풍력발전기(좌)와 수직축 풍력발전기(우)

연처럼 하늘을 나는 공중 풍력발전 기술

자연에너지를 활용하고자 하는 인간의 생각은 끝이 없다. 이는 하늘을 나는 연을 보며 이를 이용하여 에너지를 만들 수 있지 않을까, 하는 생각까지로 발전하였다. 그래서 탄생한 것이 높은 고도에 연과 같은 기구를 띄워 전기를 생산하는 '하늘을 나는 풍력발전' 개념이다.

도대체 어떻게 연이 전기를 만들어낼 수 있을까? 생각보다 하늘을 나는 풍력발전 개념은 간단하다. 연은 줄로 연결하여 하늘을 날게 된다. 이때 줄에 전해지는 연의 힘은 굉장히 크다. 이것은 바람에 의해 나는 연의 힘이 줄에 전해지기 때문에 나타나는 현상이다. 이때 줄에 전해지는 힘으로 터빈을 돌려 전기를 생산해낼 수 있다.

이러한 하늘을 나는 풍력발전은 친환경 에너지이면서도 장소의 제한이 적으며 기존 타워형 풍력발전기보다 에너지 효율이 높다는 장점이 있다. 기존 타워형 풍력발전기는 장소적 제한 등의 한계 때문에 바람으로부터 얻을 수 있는 잠재적 총 에너지는 400TW 정도에 불과하다. 사실 이 문제는 타워형 풍력발전기의 이용이 대중적으로 퍼지지 못하는 이유가 되기도 한다.

하지만 하늘을 나는 풍력발전은 장소적 제한이 없으므로 이론적 계산에 의하면 바람으로부터 얻을 수 있는 잠재적 총 에너지는 1,800TW에 이른다. 이것은 하늘을 나는 풍력발전이 높은 고도에 광범위하게 분포되어 있는 강한 바람 에너지를 효율적으로 사용할 수 있기 때문에 나타나는 현상이라고 할 수 있다.

무엇보다 하늘을 나는 풍력발전은 경제성이 뛰어나다. 왜냐하면 기존 타워형 풍력발전기에 들어가는 각종 재료들이 거의 줄어들기 때문이다. 이로 인해 이산화탄소의 배출도 크게 줄일 수 있기에 앞으로 하늘을 나는 풍력발전 기술개발이 크게 기대되고 있다.

기술59

태양광과 바람을 동시에 이용하는 태양광 풍력 하이브리드 발전 기술

태양광발전은 낮 동안에는 전기를 얻을 수 있으나 밤에는 아예 전기를 얻을 수 없다. 또 비가 오거나 흐린 날의 에너지 효율은 매우 떨어진다. 또 풍력발전 역시 바람이 세게 부는 날에는 에너지 효율이 올라가나 바람이 불지 않는 날에는 아예 전기에너지 생산 자체가 힘들다.

즉 태양광, 풍력 등이 모두 자연에 의존하는 에너지이기 때문에 자연환경의 영향을 많이 받을 수밖에 없는 처지에 놓여 있다. 그런데 만약 이 둘을 결합하면 어떻게 될까? 일단 태양광과 바람을 동시에 이용할 수 있으므로 에너지 생산량이 높아질 것은 분명하다. 또한 날씨가 좋은 날은 주로 바람이 약하고 안 좋은 날은 바람이 셀 경우가 많으므로 서로 보완하는 힘으로 작동할 수도 있다.

이러한 아이디어에서 나온 것이 태양광 풍력 하이브리드 발전이다. 이것은 사실상 태양광+풍력 개념의 에너지 시스템으로 둘을 결합한 발전 시스템이라고 이해하면 된다.

빌딩풍이라는 말이 있는데 이는 바람이 빌딩과 부딪쳐 바람의 흐름이 바뀌면서 세기가 강해지는 현상 때문에 나타난다. 마찬가지로 태양광패널이 설치된 곳도 빌딩풍과 비슷한 영향 때문에 바람이 세기가 강해지는 것으로 나타났다. 따라서 태양광과 풍력을 결합하면 두 배 이상의 시너지 효과를 얻을 수 있다.

낮과 밤 모두 태양광에너지를 사용할 수 있는 태양열 주택 기술

태양열발전은 태양광과 달리 태양의 열에너지를 집열판에 모아 전기에너지로 사용하는 시스템이다. 이러한 태양열발전 시스템을 주택에 적용한 것이 태양열 주택이다. 태양열 주택은 낮 동안 집열판에 모인 열로 물을 데워서 커다란 저장소에 모아두었다가 이 열에너지로 난방을 하거나 온수를 사용하는 방식으로 설계되어 있다.

태양열 주택의 집열판은 금속관으로 연결되어 있는데 그 속에 부동액이 들어 있다. 집열판이 태양열을 받으면 부동액을 데우게 되는데 이렇게 뜨거워진 부동액은 축열조(열을 저장하는 통)로 흘러 들어가 그 속에 들어 있던 물을 데운다. 이 뜨거운 물을 온수로 사용하거나 난방에 사용하는 방식으로 에너지 이용이 이루어진다.

만약 집열판과 축열조의 규모를 크게 하면 태양열로 온수뿐만 아니라 난방까지 이용할 수 있다. 축열조의 크기가 크지 않다면 축열조는 지붕 위의 집열판 바로 아래에 설치될 수 있다. 그러나 축열조의 크기가 크다면 무게의 문제가 있으므로 안전한 곳에 설치되어야 한다.

에너지 생산과 소비가 균형을 이루는 제로에너지 빌딩 기술

제로에너지 빌딩이란 이름처럼 에너지를 사용하지 않는 빌딩이 아니라 고성능 단열재를 사용하여 에너지 유출을 최대한 막고 공급되는 에너지는 건물 자체에서 생산되는 신재생에너지만을 활용하는 건축물을 뜻한다. 제로에너지 빌딩에서 중요한 개념은 에너지 자립이다. 이것은 건물에서 생산되는 에너지와 소비되는 에너지가 균형을 이루어 건물 자체적으로 에너지 문제를 해결하는 시스템을 뜻한다.

현재의 기술로 생산되는 신재생에너지만으로 빌딩에서 사용하는 에너지를 모두 충당하는 것은 어려운 상태다. 따라서 제로에너지 빌딩 기술이 이루어지기 위해서는 세 가지 기술의 개선이 이루어져야 한다.

첫째는 에너지 유출을 최대한 줄일 수 있는 단열 기술이 중요하다. 왜냐하면 이것은 곧 재생에너지의 생산량과 관계가 있기 때문이다. 둘째는 보일러 설비의 에너지 효율화가 중요하다. 투입되는 에너지원 대비 고효율의 에너지가 생산된다면 그만큼 에너지 절약이 이루어지기 때문이다. 마지막으로는 역시 신재생에너지 시스템의 기술 수준을 높여 더 많은 에너지를 생산하는 기술을 개발하는 것이 중요하다.

폐활성탄을 재생에너지로 개발하는 기술

활성탄은 기존의 숯에 약품을 사용하여 숯에 있던 미세한 구멍의 표면적이 매우 넓게 되도록 만들어진 가공탄이다. 이러한 활성탄은 주로 오염된 공기나 하수를 정화시키는 물질로 많이 사용된다. 이렇게 만들어진 활성탄은 그 기능이 다하고 나면 그대로 버려지게 되는데 이것이 환경오염의 원인이 되기도 해 폐활성탄을 재활용하는 기술이 개발되어 왔다.

기존의 폐활성탄 재활용 과정에서 문제가 되는 것이 고온으로 연소하는 공정에서 대기오염 물질이 발생한다는 데 있었다. 그런데 한국수자원공사가 이러한 폐활성탄 재활용 과정에서 발생하는 대기오염물질을 다시 연소하여 신재생에너지로 전환하는 기술을 개발했다.

기존의 폐활성탄 재활용은 수명이 다한 폐활성탄을 고온으로 가열하여 흡착된 오염물질을 제거하여 재활용하는 방식을 사용해 왔다. 하지만 한국수자원공사가 개발한 새로운 방식은 고온 대신 저온의 열풍을 불어넣어 흡착된 오염물질을 탈착시키는 방식을 사용한다. 이때 폐활성탄에 포함되어 있는 가연성 오염물질이 연소하면서 대기오염물질을 발생시키는데, 저온 방식에서는 이 가연성 물질을 완전연소시킴으로써 대기오염물질이 열에너지로 전환되는 반응이 일어난다.

이러한 폐활성탄 재생에너지 전환기술을 사용하면 폐활성탄의 재활용률이 95%까지 높아진다. 이는 기존의 방식보다 30% 이상 높아진 것으로 에너지 효율뿐 아니라 경제적으로도 매우 우수하다고 평가받는다. 무엇보다 이 방식은 친환경적이라는 점에서 높이 평가받고 있다.

기술63

선박이 내뿜는 온실가스를 줄이는 선박용 수소 연료전지시스템 기술

전 세계 바다 위를 달리는 선박에서 내뿜는 온실가스의 양은 상당하다. 이에 국제해사기구IMO에서는 2050년까지 2008년 대비 50% 이상의 온실가스 감축 목표를 내세우고 있다. 이런 목표를 달성하기 위해서는 선박의 에너지 시스템을 현재의 화석연료 기반에서 친환경 에너지 시스템으로 전환하는 것이 필수다. 이에 바이오연료, 암모니아, 메탄올 등 다양한 재생에너지가 후보로 등장하고 있다.

이러한 후보들 중 선박용 대체에너지로 가장 유력하게 떠오르는 것은 수소 연료전지다. 수소는 물, 화석연료 등에 포함되어 있는 화합물의 분해로 얻을 수 있다. 선박용 수소 연료전지 시스템은 수소 연료전지를 주동력원으로 하고 재생에너지로 얻은 에너지저장장치ESS를 보조 동력원으로 하는 시스템으로 구성된다.

저가의 차세대 연료전지 촉매 기술

수소와 산소의 반응으로 물만 발생시키는 연료전지는 차세대 친환경 에너지의 선두주자다. 이러한 연료전지는 각 전극에서 일어나는 산화환원반응을 바탕으로 에너지를 얻는다. 산화환원반응이란 산소 원자나 수소 원자 또는 전자가 이동을 바탕으로 일어나는 반응으로 반응속도가 느리게 일어난다는 특징을 가진다. 이 때문에 연료전지에는 반응을 빠르게 만들어 주는 촉매가 쓰이는데 주로 백금 촉매가 사용된다. 촉매란 자신은 변화하지 않으면서 화학반응이 빠르게 일어나도록 도와주는 물질을 뜻한다.

그런데 연료전지에 쓰이는 백금 촉매는 가격이 비싸다는 단점이 있었다. 이 때문에 백금을 대체할 수 있는 저가형 촉매를 개발하기 위한 연구가 이루어졌다. 이런 가운데 한국과학기술연구원KIST 수소연료전지연구단 유성종 박사팀이 연료전지의 저가형 촉매를 개발했다.

차세대 친환경 발전소를 위한
발전용 연료전지 기술

현재 수소 연료전지는 주로 수소 자동차의 연료로 쓰이고 있다. 하지만 연료전지의 이용을 항공기, 선박 등으로 확대하는 기술개발이 이루어지고 있다. 그런데 만약 연료전지 발전소가 만들어진다면 어떨까? 이것은 차세대 친환경 발전소로서 손색이 없을 것이다.

발전용 연료전지 기술이 이루어지기 위해서는 기존 연료전지 시스템과는 비교가 되지 않을 정도로 대규모 수소 공급 장치가 필요하다. 그동안 발전용 연료전지는 이러한 한계 때문에 서구에서조차 개발에 난색을 표하고 있었고 선진국 몇 국만이 이 기술을 보유하고 있었다.

그런데 포스코가 발전용 연료전지를 개발했다는 소식을 알려왔다. 이번에 포스코가 개발한 발전용 연료전지는 300kW급으로 작지 않은 규모다. 포스코는 세계적인 연료전지 생산기업인 미국 FCE사에서 기본 기술 이전을 받아서 발전용 연료전지 개발에 성공하였다.

이러한 기술개발의 파급효과로 우리나라의 연료전지 발전소의 설립이 곳곳에서 이루어졌다. 이 덕분에 연료전지 발전용량이 2018년에 333MW였던 것이 2019년에는 405MW, 2020년 610MW로 증가하였다. 그리고 2021년에는 749MW를 기록하여 원천기술을 보유하고 있었던 미국의 527MW를 능가하게 되었다. 일본의 연료전지 발전용량은 352MW 수준이다.

기술66

10분 안에 전기자동차를 충전할 수 있는 새로운 리튬이온 배터리

기존의 전기자동차에 사용되는 리튬이온 배터리는 충전시간에 대한 기술문제가 과제로 남아 있다. 이런 가운데 미국 펜실베이니아 주립대학교The Pennsylvania State University의 연구진이 단 10분 만에 충전할 수 있는 새로운 리튬이온 배터리를 개발했다. 고무적인 부분은 이 신형 배터리가 10분 충전으로 320km를 주행할 수 있다는 사실이다.

그동안 전기자동차의 초고속 충전 기술에 가장 걸림돌이 된 부분은 배터리 수명에 관한 점이었다. 초고속 충전을 하기 위해서는 배터리가 에너지를 빠르게 흡수할 수 있도록 해야 하는데 이럴 경우 배터리의 양극(+극)에서 리튬 이온이 음극으로 넘어가지 못하고 리튬 금속으로 변환되어 쌓이는 문제가 있었다. 이렇게 축적된 리튬 금속은 배터리 수명을 단축시킨다. 즉 초고속 충전을 시도하면 수명이 짧아지는 기술적 문제를 해결해야 하는 상황에 놓여 있었던 것이다.

미국 펜실베이니아 주립대학교의 연구진은 이 문제해결을 위해 온도 문제에 접근했다. 기존의 리튬 배터리는 충전과 방전 시에 동일한 온도를 유지하는 방식이었다. 연구진은 이에 착안하여 충전과 방전 시의 온도를 달리해 보았다. 즉 충전 시에는 온도를 높여주고 방전 시에는 온도를 낮추는 식이다. 이렇게 한 결과 고속 충전을 해도 금속 리튬이 생성되지 않는다는 사실을 관찰할 수 있었다.

하지만 충전 시에 가해지는 높은 온도는 배터리의 성능저하를 가져올 수 있다. 연구진은 이 문제해결을 위해 니켈 호일을 이용한 자체 가열형 리튬이온 배터리를 설계하였다. 그리고 이런 시스템으로 시험한 결과 신형 배터리는 높은 온도에서도 성능저하 없이 매우 빠른 충전 속도를 유지하는 것으로 관찰되었다.

효과적 액체 수소 생산 및 저장 기술

수소는 차세대 에너지로서 그 이용성이 높아지고 있기 때문에 앞으로도 다양한 기술개발이 이루어질 것으로 보인다. 이러한 수소에너지와 관련된 기술 중 수소 저장 기술도 중요한 관심 부분 중 하나로 떠오르고 있다.

수소는 지구상에 존재하는 가장 가벼운 기체로 상온에서 기체 상태로 존재한다. 기체 상태는 부피가 매우 크기 때문에 (기체 수소와 액체 수소의 부피 차는 800배다) 실제 에너지원으로 사용하기 위해서는 액체 상태로의 전환이 필요하다. 그동안 자동차의 연료로 사용되었던 LPG 가스는 액체 상태로 만들어 공급하는 것이 가능했으나 가장 가벼운 기체인 수소의 경우 액체로 만드는 기술이 쉽지 않은 가운데 있었다. 그래서 기존의 수소 충전소 역시 기체 상태로 수소를 공급하는 형태를 취해오고 있었다.

기체를 액체로 전환하기 위해서는 극저온 초고압의 조건이 필요하다. 이것은 기체가 액체보다 에너지 상태가 높고 압력이 낮기 때문에 반대 상태를 만들어서 액체로 변하는 성질을 이용한 것이다. 이와 관련하여 KERI 전력기기연구본부 하동우 · 고락길 박사 팀이 '제로보일오프Zero Boil-off' 기술을 개발했다는 소식을 알렸다. 이것은 극저온 기술을 응용하여 수소를 효과적으로 액체 상태로 만들어 안전하게 저장할 수 있게 하는 방식이다.

제로보일오프 기술로 만들어진 액체 수소는 253도의 극저온에서 만들어지며 이렇게 만들어진 액체 수소는 특수 보관용기 안에서 저장된다. 액체 수소는 쉽게 증발하려는 성질을 갖는데 이 보관용기 안에서는 초고압의 조건에 의해 증발되려는 수소를 다시 액체 수소로 만들어주게 된다. 연구팀은 이 기술을 이용하여 약 40리터의 액체수소를 2개월 이상 손실 없이 보관하는 데 성공해 내었다.

기술68

전기를 계속해서 만들 수 있는 고성능 메탄올 연료전지 기술

메탄올 연료전지는 메탄올을 에너지원으로 사용하여 전기를 만들어내는 연료전지다. 반응 원리는 음극에서 메탄올을 물과 반응시키면 수소 이온과 전자가 생성되는데 이후 반응은 기존 연료전지의 반응과 비슷하다. 생성된 전자는 도선을 이동하면서 전기를 만들어내고 수소 이온은 전해질 막을 통과하여 양극으로 이동한다. 양극에서 수소 이온은 전자, 산소 등과 반응하여 물을 생성시킨다.

메탄올 연료전지가 기존 수소 연료전지와 다른 점은 따로 수소를 넣어주지 않아도 메탄올만 있으면 작동이 가능하다는 점에 있다. 따라서 메탄올 연료전지 방식은 외부에서 연료를 넣어주는 것처럼, 메탄올을 주입하면 연료전지가 계속하여 전기를 만들어내는 식으로 작동한다.

이러한 메탄올 연료전지는 10여 년 전부터 개발되어 사용되어 왔으나 리튬이온 배터리에 비하여 효율성이 떨어져 점점 사용하는 이들이 줄어가고 있었다. 가장 큰 원인은 고가이면서도 효율이 떨어지는 백금 촉매가 문제였다.

이런 가운데 경북대학교 화학과 최상일 교수와 신소재공학부 이지훈 교수팀이 기존 메탄올 연료전지의 백금 촉매보다 효율이 11배 가량 높은 새로운 촉매를 개발하는 데 성공했다. 이 새로운 촉매는 백금 촉매에 로듐 단원자를 코팅하는 방식으로 기존 백금 촉매의 문제를 해결하였다. 기존 백금 촉매는 에탄올을 반응시키면서 이산화탄소를 발생시키고 전기에너지를 만들어내는 구조였다. 하지만 이 과정에서 불완전한 반응으로 인해 생성된 일산화탄소가 백금 표면에 달라붙는 현상이 생겼다. 이 때문에 백금 촉매의 효율이 떨어졌었는데 연구팀은 백금 표면을 로듐 단원자로 코팅함으로써 이 문제를 해결한 것이다.이 기술의 개발로 메탄올 연료전지의 인기가 다시 회복될 것으로 기대된다.

온실가스 주범인 육불화황을 대체하는 친환경 가스 개발 기술

우리는 온실가스의 주범으로 이산화탄소를 떠올리지만 그 외에도 지구온난화에 영향을 끼치는 여러 물질들이 있다. 그중 육불화황(SF6)은 지구온난화지수(지구온난화에 영향을 끼치는 정도를 수치로 나타낸 것)가 이산화탄소에 비하여 2만 3900배나 되는 무시무시한 물질이다. 그럼에도 불구하고 육불화황보다 이산화탄소에 더 주목하는 이유는 온실가스를 차지하는 전체 양적인 면에서 이산화탄소의 양이 압도적으로 많기 때문이다.

이러한 육불화황은 주로 전력시설에서 개폐장치의 절연 용도로 많이 사용된다. 그 성능이 다른 가스에 비해 매우 뛰어나 전력 분야에서는 50년 넘게 사용돼 온 기체이기도 하다. 하지만 육불화황이 대기 중에 누출될 경우 지구온난화에 매우 나쁜 영향을 끼칠 것은 두말할 나위 없다. 또 육불화황은 한 번 대기에 누출되면 거의 수천 년이나 없어지지 않으면서 지구온난화에 영향을 미치는 것으로 나타나 충격을 주고 있다. 이에 육불화황을 대체하는 물질 개발에 많은 노력이 있어 왔다.

이런 가운데 KERI 전력기기연구본부 송기동 · 오연호 박사팀이 육불화황을 대체하는 친환경 가스를 개발한 것이다. 새롭게 개발된 친환경 가스는 생각보다 간단한 원리로 만들어졌다. 주변에 흔하게 존재하는 이산화탄소와 산소를 적절한 비율로 혼합하여 만들어진 가스이기 때문이다. 이처럼 새로 개발된 친환경 가스는 생산비용도 기존 육불화황에 비하여 50% 이하로 떨어질 만큼 경제성도 갖추고 있다. 이 친환경 가스가 기존 육불화황을 대체할 경우 온실가스 감축에 크게 기여할 것으로 기대된다.

기술70

친환경 전력용 개폐장치 개발 기술

전력시설에서 전류의 흐름을 여닫는 역할을 하는 개폐장치는 매우 중요한 장치 중 하나다. 이때 전류의 흐름을 닫기 위해서는 절연 물질이 필요하다. 이러한 절연 물질로 절연성이 매우 우수한 것으로 알려진 육불화황이 쓰이고 있다. 하지만 앞에서도 이야기했듯 단위 육불화황이 지구온난화에 미치는 영향은 단위 이산화탄소에 비해 2만 3500배나 높다. 이 때문에 육불화황으로 만들어진 개폐장치 역시 환경오염의 주범으로 지목받고 있는 상황이다. 이러한 개폐장치는 수명이 다할 경우 폐기물로 버려지게 되는데 이때 육불화황이 대기에 누출되면서 지구온난화에 악영향을 미치게 된다.

이에 전력연구원은 육불화황을 사용하지 않는 친환경 개폐기의 개발을 위한 연구에 매진한 끝에 드디어 육불화황을 사용하지 않는 친환경 개폐기를 개발하는 데 성공했다.

기존의 방식은 전기를 차단하기 위해 진공을 사용하는 방법을 적용해왔는데 이는 고압으로 갈수록 절연성이 떨어지는 문제가 있었다. 이에 연구팀은 차단기 내부 전극에 신소재를 사용함으로써 진공에서도 전류를 잘 차단할 수 있는 시스템을 개발하였다. 이것은 세계 최초로 170kV 이상의 전압 상태에서도 쓸 수 있는 친환경 개폐 기술이기도 하다.

이러한 기술을 바탕으로 한국전력은 2023년부터 육불화황을 사용하지 않는 친환경 개폐기를 개발하여 전력시스템에 도입할 계획이다.

기술71

육불화황을 분해하고 재활용하는 기술

육불화황을 대체하는 기술이 개발되었음에도 불구하고 기존 전력시설에 존재하는 육불화황의 양은 엄청나다. 지금도 육불화황으로 만들어진 개폐장치 폐기물이 버려지고 있는 상황이다. 연간 버려지는 육불화황의 양만 해도 60여 톤에 달한다. 이에 육불화황을 안전하게 처리하는 기술개발도 꾸준히 이어져 왔다.

육불화황은 상온에서 매우 안정한 물질이다. 육불화황이 절연 물질로 사용되어 온 것에 이러한 안정성도 큰 이유 중 하나로 작용하였다. 하지만 역으로 육불화황이 안정하다는 것은 반응성이 매우 낮기 때문에 분해하기도 힘들다는 것을 뜻한다. 이 때문에 육불화황을 분해하는 기술은 매우 어려운 분야로 여겨져 왔다.

그동안 불화수소를 사용하여 육불화황을 분해하는 기술이 개발되어 현장에서 사용되어 왔다. 하지만 이는 처리비용이 매우 비싸다는 단점이 있어 현장에 적용하기에는 무리가 있었다.

이에 전력연구원은 고농도의 육불화황을 1200℃에서 열분해한 후 이때 생성되는 유독성 분해가스를 냉각과 중화하는 방식으로 처리하는 기술을 제시하였다. 이것은 고농도의 육불화황을 초고온에서 빠르게 열분해하기 때문에 불화수소를 사용하는 방법보다 비용을 대폭 절감할 수 있다.

한편 육불화황을 처리하는 기술 중 버려지는 육불화황을 재활용하는 기술도 주목받고 있다. 육불화황이 폐기물로 버려지는 이유는 불순물이 다량 포함되기 때문이다. 이에 가스 상태의 육불화황 폐기물을 영하 100도로 낮춰주면 고체 육불화황으로 변하게 된다.

그런데 이때 순수 육불화황만 고체로 만들어지며 나머지 불순물들은 여전히 기체 상태로 있게 된다. 이러한 원리를 이용하여 기체 상태의 불순물을 제거하면 육불화황을 재활용할 수 있게 된다.

한국전력의 전력연구원은 이러한 원리의 육불화황 정제장치를 개발하였다. 이 기술로 육불화황을 정제하면 육불화황의 재활용률을 95% 이상으로 올릴 수 있다.

기술72

이산화질소 배출을 줄이는 수소버너 제조 기술

이산화질소는 온실가스이면서 미세먼지, 산성비 등을 일으키는 대표적 공기오염 물질이다. 이러한 이산화질소는 초고온의 상황에서 공기 중의 질소가 산소와 반응하면서 생성된다. 이산화질소를 발생시키는 대표적 장치가 바로 우리가 즐겨 타고 다니는 자동차다.

이산화질소는 자동차 외에도 각종 연소반응이 일어나는 곳에서 발생할 수 있다. 천연가스의 연소에서도 발생할 수 있고 LPG 가스의 연소에서도 발생할 수 있다. 최근 가볍고 친환경적 연료로 각광받고 있는 수소의 연소에서도 이산화질소는 발생할 수 있다.

그런데 최근 수소가 친환경 연료로 각광받으면서 수소 연료를 활용하는 다양한 기술들을 선보이고 있다. 그중 하나가 도시가스를 대체하는 수소에너지의 이용이다. 기존 도시가스는 천연가스를 에너지원으로 한다. 그러나 천연가스는 온실가스를 발생시키는 문제가 있다. 이에 친환경 에너지인 수소로 천연가스를 대체하는 기술이 개발되었다. 대표적인 것이 도시가스 버너를 수소 연료 버너로 전환하는 기술이다.

하지만 수소 역시 1,000℃ 이상의 고온에서 연소가 이루어지기 때문에 이산화질소의 발생을 막을 수는 없다. 수소가 높은 온도에서 연소할 때 공기 중의 질소(N_2)가 산소와 반응을 일으켜 이산화질소를 발생시키는 것이다. 더욱 큰 문제는 수소가 발생시키는 이산화질소의 양이 기존 천연가스에 비해 3~4배 이상 많이 발생할 수 있다는 사실이다.

이 때문에 이산화질소를 최소화할 수 있는 수소 버너 기술을 개발하기 위한 연구가 계속되어 왔으며 몇몇 기업들에서 성과도 이루어지고 있다. 그 대표적 예가 일본의 도요타가 주가이로공업과 협업을 통해 개발한 수소 버너다. 수소의 연소반응에서 가장 문제가 되는 것은 산소의 양이다. 이에 도요타는 수소의 연소반응 시 수소 산소의 혼합을 막는 장치와 산소농도를 낮추는 장치를 설계하여 수소의 연소반응이 서서히 일어나도록 하는 기술을 개발했다. 이렇게 하면 이산화질소의 생성량이 대폭 줄어들게 된다.

그러나 이 기술로도 여전히 이산화질소의 발생을 막는 것은 한계가 있다. 이 기술로 만들어진 수소 버너가 발생시키는 이산화질소의 양이 기존의 천연가스 버너에 비해 아주 뛰어나지는 않기 때문이다. 따라서 이산화질소의 발생을 막는 수소 버너의 기술은 계속 발전해야 하는 상황에 놓여 있다.

기술73

메탄을 고순도로 정제하여 청정연료를 만드는 정제 기술

메탄(CH_4)은 이산화탄소 다음으로 지구온난화에 영향을 끼치는 기체로 알려져 있다. 하지만 이러한 메탄을 고순도로 정제하면 난방용이나 발전용 청정연료로 사용할 수 있다. 따라서 메탄을 고순도로 정제하는 기술에 관심이 높다.

메탄은 주로 매립지나 하수, 음식물 쓰레기, 축산 폐수 등에서 유기물의 분해 반응에 의해 발생한다. 이때 메탄에는 이산화탄소, 수소, 실록산, 수분 등의 불순물도 함께 포함되어 있다. 따라서 이러한 불순물을 정제하는 기술이 개발되어 왔다. 메탄을 고순도로 정제하는 방법에는 물흡수법water scrubbing, 흡착법adsorption, 막분리법membrane 등이 연구되어 왔는데 이 가운데 막분리법은 비용이 적게 들고 관리도 쉬우며 친환경적인 것으로 알려져 왔다.

막분리법으로 메탄을 정제하는 기술은 메탄만을 선택적으로 통과시키는 막을 필터로 사용하여 메탄 혼합물에서 메탄만을 분리해 내는 기술이다. 이때 4단 분리막을 이용하여 순도 98% 이상의 메탄을 정제하는 기술까지 개발되어 있다.

한편 독일에서 개발한 멤브레인 메탄 정제 기술은 멤브레인 필터를 이용하여 메탄에서 불순물을 분리하고 메탄을 선택적으로 정제해내는 기술이다.

기술74

바이오가스를 이용한 바이오 그린수소충전소 기술

음식물 쓰레기나 폐수 등에서 발생하는 바이오가스에는 수소도 포함되어 있다. 수소는 우리가 알고 있듯 친환경 청정에너지로 만약 바이오가스에서 발생하는 수소를 이용할 수 있다면 이는 매우 효과적 에너지 활용이 될 수 있다.

이에 바이오가스에서 나오는 수소를 고순도로 정제하는 기술개발이 이루어졌다. 현재 바이오가스에서 99.995% 이상의 고순도

수소로 정제하는 기술까지 개발되어 있다. 문제는 바이오가스에서 추출한 수소를 어떻게 생활에 이용하는가에 있었다. 왜냐하면 기체 상태의 수소를 먼 곳까지 운송하는 데 많은 비용이 들기 때문이다.

이런 가운데 등장한 것이 바이오그린수소충전소 기술이다. 바이오그린수소충전소는 일반 수소충전소와 달리 인근의 바이오에너지센터에서 만들어낸 수소를 배관을 통하여 충전소로 공급하는 시스템을 갖추고 있다. 이 기술을 적용하면 여러 가지 경제적, 환경적 유익을 얻을 수 있다. 첫째, 생활폐기물을 수소에너지로 직접 활용할 수 있기 때문에 생활폐기물로 인한 환경오염을 예방할 수 있다. 둘째, 바이오 수소 생산시설과 바이오그린수소충전소의 거리가 가깝기 때문에 유통비용을 대폭 절감할 수 있다. 셋째, 친환경 에너지인 바이오 수소를 공급함으로써 탄소중립에 기여할 수 있다.

바이수소충전소의 대표적 예가 우리나라 최초로 충주에 세워진 바이오그린수소충전소다. 이 바이오그린수소충전소는 이 충전소 인근에 있는 충주시 음식물바이오에너지센터에서 정제한 수소를 이곳 충전소까지 배관으로 연결하여 수소를 공급하는 방식으로 이루어져 있다.

버려지는 70%의 자동차 진동에너지를 효율적으로 활용하는 기술

자동차는 동력원으로 인해 발생하는 에너지를 이용하여 주행하는 시스템으로 이루어져 있다. 그리고 자동차 주행 시 발생하는 진동에너지(주행할 때 발생하는 에너지)를 역이용하여 이를 다시 배터리에 전기로 저장하여 사용하는 방식을 채택하고 있다. 그런데 자동차 진동에너지의 사용율은 약 30% 내외에 지나지 않는다. 나머지 70%의 진동에너지가 버려지고 있는 셈이다.

자동차의 주행 시 발생하는 진동을 전기에너지로 전환하는 기술을 자동차 진동 하베스팅 기술Regenerative Shorck Absorber이라고 한다. 이 기술의 핵심은 자동차의 기계적 진동을 전기에너지로 전환하는 것인데 이때 전자기를 이용한 방법이 주목받고 있다. 버지니아 공대의 Zuo 교수팀은 차량의 직선운동을 회전운동으로 변환시켜 전기에너지를 만들어내는 기술을 개발하였다.

오늘도 전 세계에 사람만큼 많은 자동차가 도로 위를 달리고 있다. 이러한 자동차의 주행에서 여분의 에너지를 얻는 기술이 개발되어 상용화된다면 이렇게 얻을 수 있는 에너지의 양은 엄청날 것이다. 그뿐만 아니라 이것은 단순히 자동차의 주행으로 인한 진동에너지에서 전기에너지를 얻는 것이므로 친환경적이기도 하다.

디젤자동차의 유해한 배기가스를 줄이는 기술

디젤자동차는 경유를 연료로 사용하는 자동차다. 경유를 연소시키면 이산화탄소와 일산화탄소, 탄화수소, 질소산화물, 미세먼지 등 각종 유해가스가 발생한다. 이 때문에 디젤자동차는 환경오염의 주범으로 꼽히고 있었다. 이에 자동차 회사들은 디젤자동차의 배기가스를 저감하는 기술을 꾸준히 발전시켜 왔다.

배기가스 저감장치 기술로 대표적인 것은 EGR(배기가스재순환장치), DPF(디젤분진필터), SCR(선택적환원촉매장치) 등이다.

EGR(배기가스재순환장치)은 엔진에서 연소된 배기가스를 다시 흡기장치로 순환시켜 재연소시키는 방식으로 이루어져 있다. 이 때 흡기장치에 여러 불순물이 섞인 배기가스가 유입되므로 탄소 찌꺼기가 많이 생긴다는 단점이 있고 또 모든 배기가스가 순환되는 것이 아니기에 배기가스 정화에 한계도 있다.

DPF(디젤분진필터)는 EGR을 통해 모두 걸러내지 못한 불순물들을 필터를 통하여 걸러내는 장치다. DPF에서 걸리진 불순물들은 고온에서 태우는 방식으로 제거된다.

SCR(선택적환원촉매장치)는 요소수 분사장치가 들어 있는 것으로 배기가스에 요소수를 분사하면 유해물질은 제거되고 이때 물과 질소만 발생하여 배출시킨다. 최근 우리나라에서 요소수 대란이 일어난 적이 있었는데 바로 이 요소수를 중국에서 수입하여 쓰고 있는데 이것의 수입이 막혀 일어났던 사건이었다.

디젤자동차에는 이와 같은 배기가스 저감장치가 설치되어 있다. 위에서 제시한 배기가스 저감장치가 다 설치되어 있는 차량도 있고 더 많은 종류의 저감장치가 설치되어 있는 차량도 있다. 하지만 이것은 온실가스를 100% 제거하는 장치가 아니라는 한계가 있다. 그뿐만 아니라 이러한 장치들이 자동차의 성능을 막고 가격을 올리는 단점이 있기에 친환경 자동차 개발에 박차를 가하고 있는 상황이다.

탄소저감을 위한 도로포장기술

우리는 편리하게 포장된 도로 위를 달릴 수 있지만 도로를 포장하는 아스팔트도 석유의 부산물로 얻어지는 것으로 온실가스를 발생시킨다는 사실을 알아야 한다.

아스팔트를 만드는 과정에서 고온으로 가열하는 과정이 있는데 이때 다량의 유해가스가 발생한다. 이에 착안하여 중온 가열 아스팔트 기술이 개발되었다. 중온 가열 아스팔트는 기존 아스팔트보다 약 30℃ 낮은 온도에서도 만들어지기 때문에 연료비 및 전기에너지 사용을 약 70% 수준으로 줄일 수 있다. 이 중온 가열 아스팔트 기술을 이용하면 아스팔트 시공 과정에서 1톤당 약 6~7kg의 이산화탄소를 줄이는 효과를 얻을 수 있다.

중온 가열 아스팔트의 개발과 더불어 더욱 기술발전이 이루어지고 있다. 시티오브테크 사는 중온보다 더 낮은 온도에서 아스팔트를 만들어내는 기술을 개발했다. 이것은 이 회사에서 개발한 기능성 아스팔트 첨가제 'FRM'을 첨가함으로써 중온 가열 아스팔트보다 더 낮은 온도에서 아스팔트를 만들어낼 수 있게 하는 데 성공하였다. 시티오브테크 사는 이에 고무되어 초저온(60~90℃), 그리고 상온에서도 아스팔트를 만들 수 있는 기술개발에도 매진하고 있다.

기술78

버려지는 수천만 톤의 아스팔트를 재활용하는 기술

아스팔트를 까는 현장에 가보면 고온에서 작업이 이루어져 연기가 솔솔 피어오르는 모습을 볼 수 있다. 하지만 상온에서 아스팔트를 까는 기술이 개발되어 주목을 받고 있다. 특히 이 기술은 기존 아스팔트의 재활용이 가능해 온실가스 감축에 큰 도움을 줄 것으로 보인다.

우리나라에서 한 해 균열 등으로 버려지는 아스팔트는 수천만 톤에 달한다. 그런데 이러한 아스팔트의 재활용률은 턱없이 낮다. 기존 아스팔트의 재활용률이 낮은 까닭은 우리나라의 기후변화와 관계가 있다. 사계절이 뚜렷한 기후로 온도변화에 취약한 성질을 갖고 있는 아스팔트의 재활용률이 낮은 것이다.

하지만 상온 유화 아스팔트 기술을 이용하면 기존 아스팔트를 80~100%까지 재활용할 수 있다. 이 기술의 핵심은 접착제 역할을 하는 유화제가 들어간다는 점에 있다. 기존 아스팔트는 재료를 섞기 위해 고온으로 가열하는 공정을 거친다. 하지만 유화 아스팔트는 유화제만 넣으면 되므로 상온에서도 제조가 가능하다.

상온 유화 아스팔트는 기존 아스팔트보다 온도 변화에 견디는 정도가 1.5배 이상 강한 것으로 나타났다. 이 때문에 재활용률도 거의 100%까지 높일 수 있었던 것이다.

이러한 상온 유화 재활용 기술은 경제성이 뛰어날 뿐 아니라 환경오염에도 덜 영향을 미치므로 탄소중립에도 기여한다.

폐기물로 수소를 만드는 플라즈마 기술

최근 폐기물 시장에서도 친환경 바람이 불고 있다. 플라즈마를 이용하면 폐기물 자원에서 청정에너지인 수소를 추출해낼 수 있기 때문이다.

물질은 네 가지 상태로 존재한다. 그 네 번째 상태가 바로 플라즈마다. 플라즈마란 이온 상태를 의미한다. 고체를 가열하면 액체가 되고 액체를 가열하면 기체가 된다. 이는 고체에서 기체로 갈수록 에너지가 증가함을 의미한다. 그렇다면 기체의 에너지 상태가 가장 높은 것이 되는데 기체보다 더 높은 에너지 상태는 없을까?

과학자들은 이 의문을 풀기 위해 기체를 가열해 보았고 기체가 고온으로 가열될 경우 원자핵과 전자가 떨어지는 이온 상태, 즉 플라즈마 상태로 변한다는 사실을 알아냈다. 플라즈마 기술은 바로 이런 방식을 이용하여 폐기물 자원에서 나오는 대기오염물질을 모두 분해하면서 수소를 추출해 낸다.

플라즈마 기술의 문제점은 초고온으로 가열하는 데 전기 에너지가 더 많이 든다는 데 있었다. 하지만 이렇게 얻어진 수소를 초고효율 연료전지에 적용하여 더 많은 에너지를 얻을 수 있다면 문제를 해결할 수 있게 된다. 이러한 개념을 바탕으로 연료전지 기술과 연계하여 폐기물을 수소로 만드는 플라즈마 기술개발에 매진하고 있다.

7
환경오염 방지 신기술 21

태양열을 이용한 친환경 도로청소 기술

　도로 위에 쓰레기들이 널려 있다면 교통안전에 심각한 영향을 끼칠 수 있다. 이를 방지하기 위하여 도시는 클린로드 시스템을 운영하고 있다. 클린로드 시스템이란 도로를 청소하는 기술이다. 기존 방식은 대부분 청소차가 다니면서 재활용된 하수를 분사하는 방법으로 진행되고 있다.

　탄소중립에 대한 열정은 이러한 클린로드 시스템에도 영향을 미치고 있다. 친환경적 클린로드를 구축하기 위하여 태양열을 이용한 도로 청소 기술이 등장하고 있기 때문이다.

　이 기술의 핵심은 먼저 태양열을 이용한 전력 공급 장치에 있다. 모든 에너지 공급을 태양열에서 얻음으로써 청소하러 나간 차가 다시 대기오염 가스를 발생하지 않도록 하기 위함이다. 또 정확성이 높은 품질의 통신을 기반으로 도로의 상태에 관한 모든 정보가 효과적으로 관리될 수 있도록 하는 시스템도 중요하다. 마지막으로 친환경 도로청소 기술에는 미세먼지 발생을 억제할 있는 특수한 물을 분사하는 기술이 추가된다.

왕겨로 만드는 친환경 보일러 기술

왕겨는 우리가 먹는 쌀의 겉껍질이다. 이러한 왕겨를 뭉쳐서 고체 연료로 만든 것을 왕겨펠릿이라고 한다.

가공된 왕겨펠릿의 모습

왕겨펠릿은 목재보다 저렴하다는 장점이 있어 목재 대신 연료로 많이 사용된다. 그러나 왕겨펠릿은 타고난 후 부산물을 남기기에 문제가 된다. 보일러에 왕겨펠릿을 연료로 사용할 경우 보일러 연소통에 부산물을 남겨 에너지 효율을 떨어뜨리는가 하면 심지어 기계고장을 일으키기도 한다. 이에 케이파워 사에서 왕겨펠릿을 효율적으로 태울 수 있는 산업용 연소로 기술개발에 매진하여 완성을 이루어냈다. 케이파워의 왕겨펠릿 연소기술로 만들어진 보일러는 부산물을 전혀 만들어내지 않아 왕겨펠릿을 효과적인 연료로 사용할 수 있다. 또한 그동안 왕겨펠릿은 기존 화석연료에 비해 열효율이 떨어졌으나, 신기술에 의한 보일러는 기존 보일러에 비해 열효율도 떨어지지 않는다. 이러한 왕겨펠릿 기반 보일러는 화석연료 보일러보다 온실가스 배출을 줄여 친환경에너지에도 기여한다.

기술82

배기가스 열을 재활용하는 친환경 보일러 기술

우리나라에는 겨울철 보일러로 난방을 하는 보일러 문화를 가지고 있다. 이로 인해 각 가정에는 보일러가 설치되어 있다. 이러한 보일러는 대부분 도시가스를 연료로 사용하는 구조로 되어 있고 아직 도시가스가 들어오지 않는 시골 지역은 기름이나 LPG를 보일러 연료로 사용하기도 한다.

그런데 이러한 보일러가 가동되면 다량의 온실가스가 배출된다. 도시가스의 주성분인 천연가스나 LPG 가스, 보일러용 등유 등이 연소하면서 온실가스를 뿜어내기 때문이다. 전국의 가정과 기업에 설치되어 있는 보일러에서 뿜어내는 온실가스의 양은 상상을 초월한다. 이에 정부에서는 친환경 보일러 설치를 권장하고 있다.

친환경 보일러란 보일러의 배기가스 장치에 질소산화물 배출 저감장치를 설치하고 또 보일러의 배기가스에 숨어 있는 열을 재활용하는 기술을 적용하여 열효율을 높인 보일러를 뜻한다. 이러한 친환경 보일러는 연료 대비 열효율이 높기 때문에 연료비를 절약할 수 있을 뿐 아니라 질소 산화물 배출량도 획기적으로 줄여준다.

정부에서는 10년 이상 지난 노후화된 보일러를 대상으로 친환경 보일러로 교체하는 사업을 벌이고 있다. 이를 통하여 연료비 절감은 물론 탄소중립의 두 마리 토끼를 잡을 것이다.

기술83

대기환경 청정화를 위한 다공성 세라믹 기술

대기를 오염시키는 주범은 자동차나 보일러, 공장에서 뿜어대는 고온의 배기가스다. 따라서 이러한 배기가스를 정화하는 기술 개발이 오랫동안 이루어져 왔다. 배기가스를 정화하기 위해 이미 배출된 대기 중의 가스를 정화하는 것은 그 부피가 매우 크므로 사실상 불가능하다. 따라서 대기 중으로 배출되기 전에 정화하는 장치가 필수다.

자동차나 보일러, 공장에서 배출되는 배기가스는 고온의 상태다. 따라서 이러한 배기가스를 거르는 막이나 필터는 고온에서도 오래 견딜 수 있는 성질의 재료가 사용되어야 한다. 이러한 재료의 후보로 세라믹이 떠올랐다. 세라믹이 열에 매우 강한 성질을 가지고 있기 때문이다.

이러한 세라믹은 경유 차량의 배기가스 필터의 소재로 사용되기도 하고 각종 공장이나 발전소의 유해가스를 제거하기 위한 막이나 필터의 소재로 사용되기도 한다.

세라믹 소재 기술 중 다공성 세라믹 소재 기술이 주목받고 있다. 다공성 세라믹 소재는 벌집 모양의 무수히 많은 구멍이 뚫려있는 구조로서 표면적이 매우 크기 때문에 단열효과가 더욱 높고 내구성이 우수하다는 장점이 있다. 이러한 다공성 세라믹 기술은 다양한 분야에서 대기오염 가스의 배출을 줄이는 데 크게 기여한다.

골프장 토양오염 저감 기술

자연 녹지에 지어지고 있는 골프장이 점점 많아지고 있다. 골프장은 드넓은 잔디밭에 무분별하게 농약을 사용하여 주변 토양 환경을 헤치는 주범으로 꼽히고 있다. 친환경 농산물을 재배하고 싶어 시골로 간 사람들도 주변에 골프장이 있으면 친환경 농산물 재배가 어렵다는 사실을 잘 알고 있을 정도다.

이러한 일이 일어나는 이유는 우리나라에 골프장의 농약 사용에 대한 기준이 없기 때문이다. 이와 같은 현실적 상황에서 토양오염을 개선하는 방법은 기존의 오염된 토질을 개선하는 수밖에 없다.

농약으로 오염된 토질을 개선하는 기술로 유기점토, 하수 슬러지 탄화물, 활성탄 등 흡착 능력이 뛰어난 흡착제를 오염된 토양에 뿌려 토양의 오염을 개선하는 방법이 있다. 흡착제와 현장의 토양을 적절히 혼합한 다음, 여기에 농약을 분해하는 미생물 균주를 첨가하여 오염된 토양에 뿌려주면 미생물과 흡착제의 작용으로 토양의 오염물질들이 제거되는 효과가 나타난다.

이 기술을 전국의 골프장과 골프장 주변의 오염된 토양에 적용하여 토양환경을 개선하는 일이 시급하다.

산업체 악취 저감 기술

오·폐수처리시설, 축산시설, 사료 공장, 페인트 공장, 음식물쓰레기 처리업체 등에서 공통적으로 나타나는 현상은 무엇일까? 바로 악취다. 더욱이 페인트 공장 같은 곳에서는 휘발성 유기화합물도 악취의 한 원인이 되고 있다. 이러한 악취를 없애는 기술은 없을까?

기존에 사용되던 방법은 활성탄 흡착법, 오존산화법, 미생물 탈취법, 광촉매 반응법 등이 있었다. 활성탄 흡착법은 활성탄에 악취 성분을 흡착시켜 제거하는 방법이다. 저농도의 악취에는 효과적이나 악취가 심할 때는 적용하기 어렵다는 단점이 있다. 오존산화법은 오존의 산화에 의한 분해 능력을 이용하여 악취를 제거하는 방법이고, 미생물 탈취법은 악취를 분해하는 미생물을 배양하여 제거하는 방법이다. 광촉매 반응법은 자외선 반응에 의한 광분해 원리를 이용하여 악취를 제거하는 방법이다.

최근에는 이러한 여러 기술들을 복합적으로 적용한 복합기술(PMUV)이 개발되어 있다. 이 복합기술은 오존의 산화와 흡착법에 플라즈마를 적용한 방법이다. 플라즈마 램프를 이용한 광원이 효과적으로 냄새 입자를 분해한다. 또 복합적인 방법을 사용하기에 어떤 방법보다 악취제거의 효과가 높다.

무엇보다 고무적인 것은 유지보수에 드는 비용이 다른 방법들보다 낮다는 사실이다. 또 기존의 방법들이 휘발성 유기화합물 제거에 어려움이 있었다면 이 신기술은 휘발성 유기화합물도 효과적으로 제거한다. 복합기술은 또한 유해물질을 발생하지 않기에 환경오염 예방에도 적합한 기술이다.

기술86

솔잎에 의한 대기오염 측정 기술

요즘에는 시내 곳곳에서 대기오염 수치를 알려주는 계기판을 어렵지 않게 볼 수 있다. 이것은 대기오염 측정기술을 바탕으로 제공되는 서비스다. 하지만 이러한 대기오염 측정 계기판은 일정한 장소에만 설치되어 있다는 단점이 있다. 이에 국립환경과학원이 솔잎을 이용하여 어느 곳에서나 대기 오염도를 측정하는 기술을 개발했다.

국립환경과학원이 개발한 솔잎을 이용한 오염도 측정은 구체적 물질의 오염도를 측정할 수 있다. 솔잎을 이용한 대기오염 측정기의 원리는 다음과 같다. 먼저 솔잎을 채취하여 초저온 상태로 얼린다. 이것을 분쇄하여 가루로 만든 후 균질한 상태로 만든다. 이 가루를 대기오염 측정기에 설치되어 있는 유도결합플라즈마원자 발광분광기(ICPAES)와 기체크로마토그래피 질량분석기(GCMS)와 반응시키면 대기 중에 포함되어 있는 납, 카드뮴, 크로뮴, 다환방향족화탄화수소류(PAHs) 등의 양을 측정할 수 있게 된다.

우리는 흔히 중금속은 공기 중에는 떠다니지 않을 거라 생각하지만 아주 미세한 가루가 공기 중에 날아다니게 된다. 이때 나뭇잎이 호흡하는 과정에서 이것이 흡수되는데 중금속을 흡수하는 식물이 이와 같은 원리로 중금속을 제거하기도 한다. 솔잎을 이용한 대기오염 측정기는 바로 이러한 식물의 원리에 착안하여 개발된 환경 신기술이다.

기술87

10초 만에 수질오염을 개선하는 촉매 스펀지 기술

다양한 옷감의 색을 내는 염료는 우리 생활에 없어서는 안 되는 필수품이다. 전 세계에서 생산되는 염료는 70만 톤이나 되는데 이 염료 역시 지구의 환경을 오염시키는 문제에서 자유롭지 못하다. 염료 생산 공장에서 나오는 폐수에는 일정량의 염료가 포함되어 있기 때문이다.

화학염료가 수질오염에 미칠 영향을 말하지 않아도 짐작이 갈 것이다. 설사 천연염료를 썼다 하더라도 수질오염에서 자유롭지 못하다. 왜냐하면 염료가 물빛을 변화시켜 수중생태계를 교란시키기 때문이다. 수중생물도 햇빛을 받아 광합성을 하는데 염료로 인해 탁해진 물은 광합성을 방해하게 된다.

그렇다면 염료로 인해 탁해진 물을 정화하는 기술은 없을까? 이와 관련하여 미국 워싱턴대학교 연구팀이 염료의 색을 무려 10초 만에 분해하는 촉매 스펀지를 개발하는 데 성공했다. 실제 실험에서 염료가 담긴 컵에 촉매 스펀지를 넣었더니 10초 만에 물이 맑아졌다. 도대체 어떤 원리로 만들었기에 이처럼 효과가 좋은 걸까?

촉매 스펀지를 만들기 위해서는 먼저 나무의 세포에서 추출한 셀룰로오스에 팔라듐(Pd) 금속 조각을 결합시킨 것을 가열한 용액에 넣어 혼합물로 만든다. 그리고 이것을 정제하고 냉각하는 과정을 거치면 다공 물질이 만들어지는데 이것이 바로 촉매 스펀지다.

촉매 스펀지를 자세히 보면 무수히 많은 구멍이 뚫려 있다. 셀룰로오스의 작용으로 생긴 구성이다. 이 구멍 사이에 팔라듐 금속 촉매입자가 붙어 있는데 이 팔라듐 촉매가 빠르게 염료의 색을 제거하는 반응을 일으키도록 돕는 역할을 하므로 10초 만에 색을 제거할 수 있는 것이다.

촉매 스펀지의 장점은 친환경적으로 만들어졌다는 것이고 이 것은 촉매로 만들어졌기에 반응하여 없어지는 것이 아니므로 매우 오랫동안 넓은 곳에도 사용할 수 있다는 점이다. 만약 색을 제거하는 반응이 느려진다면 촉매 스펀지를 짜내면 된다. 이때 물이 빠져나가므로 다시 처음처럼 사용할 수 있다.

기술88

미생물의 전기적 성질로 수질을 개선하는 기술

하수처리 시설에서 하수를 정화하는 데 결정적 기여를 하는 것은 미생물이다. 그런데 이 미생물로도 개선되지 않는 것이 물의 착색 정도다. 그 이유는 하수처리장에 존재하는 미생물의 전기적 성질 때문이다. 물의 착색 정도를 일으키는 물질의 전기적 성질은 음전하다. 그런데 미생물 표면이 띠는 전기적 성질 역시 음전하여서 이 둘이 서로 밀어내기 때문에 착색 정도가 개선되지 않는 것이었다.

경기도보건환경연구원은 이러한 문제에 착안하여 미생물표면의 전기적 성질을 음전하에서 양전하로 바꾸는 연구에 돌입하였다. 그리고 미생물의 표면을 약산성의 조건으로 바꾸는 순간 양전하로 변한다는 사실을 확인할 수 있었다. 이렇게 양전하로 전기적 성질이 바뀐 미생물을 착색된 물과 반응시켰더니 물의 착색이 제거되는 현상이 관찰되었다. 음전하인 색도 물질이 양전하로 변한 미생물에 전기적으로 달라붙으므로 생긴 현상이었다.

이처럼 미생물의 전기적 성질 변화로 물의 착색을 제거하는 기술은 기존의 방법보다 비용이 50% 이상 저렴하다는 장점이 있다. 물의 착색을 제거하기 위한 기존의 방법들로는 오존 산화, 활성탄 흡착 등의 방법이 사용되었는데 미생물을 이용한 방법보다 비용도 많이 들고 작업 과정도 복잡했다.

이 기술은 또한 하수처리 후 버려지는 미생물을 재활용한다는 점에서 의미가 있는데, 환경 친화적 신기술이라는 점 때문이다.

기술89
차량 대기오염 방지 촉매변환 기술

자동차의 매연은 오늘날 기후변화에 가장 악영향을 끼치는 원인 중 하나로 지목되고 있다. 하지만 자동차도 억울한 점은 있다. 사실 자동차 배기 장치에는 마치 하수정화장치처럼 배출 가스의 유해물질을 거르는 장치가 있기 때문이다.

자동차 배기 장치에는 촉매기라는 장치가 있는데 바로 이 촉매기가 엔진에서 배출되는 여러 유해 가스들을 무해 가스로 변환시키는 역할을 한다. 촉매란 자신은 변화하지 않으면서 반응을 촉진시켜 주는 물질을 뜻한다.

촉매기에는 백금이란 물질이 들어 있는데 이 백금이 촉매 역할을 하며 앞에서 이야기했던 유해 가스인 일산화탄소, 이산화질소 등을 수증기, 이산화탄소, 질소 등으로 변환시킨다.

물론 여기에서 100% 유해 가스가 걸러지지 않을 수 있지만 그래도 공기 중에 커다란 영향을 주지 않을 정도로 배기가스가 나갈 수 있게 장치되어 있다. 그래서 정기적인 자동차 검사에서 배출가스 검사도 하는 것이다.

촉매 변환기 기술은 계속하여 발전을 거듭해 왔다. 초기에 2원 촉매 장치(일산화탄소, 탄화수소 분해)에서 3원 촉매 변환기(이산화질소 분해 추가)가 개발됐다. 하지만 아직까지의 촉매 변환 기술은 황화수소나 암모니아와 같은 소량의 원치 않는 화합물을 완전히 제거하지는 못한다. 무엇보다 기후위기의 주범으로 지목되는 이산화탄소는 촉매기로도 제거할 수 없다는 한계도 있다.

전자빔으로 미세먼지를 제거하는 기술

미세먼지 문제는 우리나라의 일반적인 환경오염으로 자리 잡은 지 오래다. 그렇다면 이미 발생한 미세먼지를 제거하는 기술은 없을까? 이와 관련하여 여러 기술들이 있으나 세코하이텍 기업이 자체 개발한 전자빔을 활용한 휘발성 유기화합물 제거 기술이 눈에 띈다. 휘발성 유기화합물은 미세먼지를 이루고 있는 주요 성분 중 하나다.

휘발성 유기화합물은 여러 종류의 탄화수소, 케톤류, 에스테르류 등 여러 종류가 있는데 이것이 온실가스, 미세먼지, 발암성 물질 등으로 우리에게 피해를 끼친다. 이에 일찍부터 휘발성 유기화합물을 처리하는 기술이 개발되어 왔다. 대표적 기술로는 연소법, 흡착법, 막분리법, 자외선 산화법, 플라즈마 기술 등이 있다.

이런 가운데 세코하이텍이 개발한 기술은 휘발성 유기화합물을 99% 수준으로 제거한다. 이 기술은 기존 방법과 달리 특정하게 만들어진 장치에 휘발성 유기화합물을 포집하고 여기에 전자빔을 쏘아서 제거하는 방법을 이용한다. 이 방법의 장점은 높은 제거율뿐 아니라 분해과정에서 다량의 수소를 생성하기 때문에 부차적으로 이때 얻어진 수소를 활용하는 데까지 나아갈 수 있다는 점에 있다.

흐르는 물로 수질오염 개선하는 기술

압전 현상이란 어떤 물질에 압력의 조건이 생길 때 전류를 발생시키는 현상을 뜻한다. 1880년에 퀴리 부인의 남편인 피에르 퀴리가 수정을 관찰하던 중 이러한 압전 현상을 발견하였다.

이러한 압전 현상을 친환경 에너지에 적용하여 개발된 물질이 압전 촉매다. 압전 촉매는 주변에 버려지는 다양한 기계적 에너지를 전기적 에너지로 변환시키기 위해 개발되었다. 하지만 그동안의 압전 촉매 기술로는 물이 흐르는 것과 같은 조건에서 압전 촉매가 잘 작동하지 않는 문제가 있었다. 이에 서울과학기술대학교 신소재공학과 이영인 교수 연구팀이 결정의 중심부에 '타이타늄산바륨($BaTiO_3$) 나노 입자'가 박힌 소재를 개발하여 기존 압전 촉매의 문제점을 해결하였다.

이 나노 압전 촉매의 반응성이 우수한 이유는 나노 입자의 작용으로 촉매 작용에 참여하는 전자에 높은 에너지를 부여함으로써 촉매 반응에 참여하는 전자의 농도를 크게 증가시키는 반응이 일어나기 때문이다.

이렇게 개발된 나노 압전 촉매는 물 흐름과 같은 적은 에너지만으로도 압전 반응을 성공적으로 유도해 내어 오염된 물을 성공적으로 정화하는 것으로 나타났다. 이것은 흐르는 물의 힘만으로도 오염된 수질을 정화할 수 있음을 나타낸다.

이 기술의 확장 분야는 매우 넓다. 물의 흐름이 있는 모든 곳(강과 바다, 바다의 파도 등)에 적용할 수 있으며 바람이나 심지어 소리 에너지에도 적용할 수 있다.

다량의 온실가스를 줄이는 저탄소 콘크리트 기술

콘크리트는 건축에서 쓰이는 가장 중요한 자재 중 하나다. 콘크리트는 시멘트에 물, 모래, 자갈 등을 적절히 섞어 만들어지는데 그 과정에서 다량의 온실가스가 배출된다. 이 때문에 탄소중립 시대를 맞이하여 친환경 콘크리트 기술개발이 활발히 이루어지고 있다. 이렇게 하여 개발된 것이 저탄소 콘크리트다. 우리나라에서는 한국도로공사에서 기존 콘크리트 대비 탄소배출량을 50% 저감할 수 있는 저탄소 콘크리트 개발에 성공하였다.

그렇다면 저탄소 콘크리트는 어떻게 만들어질까?
콘크리트에서 온실가스를 배출시키는 부분은 시멘트라고 했다. 이에 저탄소 콘크리트는 기존 콘크리트와 같은 종류의 시멘트의 사용량을 50% 정도로 줄이고 나머지 부분은 고로슬래그라는 물질로 채우는 방법을 사용했다. 고로슬래그란 한마디로 철광석으로 철을 만들 때 생기는 부산물이다. 그런데 이 고로슬래그가 시멘트와 달리 경제적·환경적 측면에서 효율적인 환경 친화적 재료임이 밝혀졌다. 강도 면에서도 시멘트보다 높은 것으로 나타났으며 제조 과정에서 에너지 사용량이 적어 온실가스 배출도 적은 것으로 나타났다. 무엇보다 일반 시멘트보다 가격이 싸다.

이러한 장점을 두루 가지고 있는 고로슬래그를 콘크리트의 주재료로 선택한 결과 새로운 콘크리트는 기존 콘크리트보다 온실가스 배출을 적게 한다고 하여 저탄소 콘크리트라고 명명될 수 있었다. 이러한 저탄소 콘크리트는 기존 콘크리트보다 환경친화적일 뿐만 아니라 강도도 우수하고 부식도 잘 되지 않아 수명도 일반 콘크리트 보다 훨씬 길다.

기술93

해양오염을 방제하는 경량 오일펜스 기술

2007년 12월 7일 충청남도 태안군 앞바다에서 일어난 원유 유출사고는 우리나라의 대표적 해양 유출사고로 기록되고 있다. 당시 전국에서 130만 여명의 자원봉사자가 찾아가 기름 제거작업을 벌였던 기억을 떠올리면 해양 유출사고로 인한 해양오염이 얼마나 심각한지 짐작할 수 있다.

바다에 기름이 유출되면 파도를 따라 이곳저곳으로 퍼져나가게 된다. 이 때문에 유출된 기름을 완전히 제거하는 것은 거의 불가능하다. 현재 나와 있는 가장 좋은 제거법은 오일펜스를 쳐서 기름을 모아 뜰채로 걸러내는 방법이다. 오일펜스란 기름이 퍼지지 않도록 물 위에 울타리처럼 둥글게 띄운 띠이다. 하지만 실제 기름 유출사고가 일어났을 때 오일펜스를 사용하더라도 신속하게 효과적으로 기름을 제거하기란 쉽지 않다는 문제점이 있었다.

이에 해양 전문기업인 우현선박기술이 기존 오일펜스의 단점을 보완한 경량 오일펜스 기술을 개발했다. 경량 오일펜스는 이름 그대로 경량으로 오일펜스가 만들어져 최소 인원만으로도 기름 수거가 가능하다. 기존 대형 오일펜스는 많은 인원이 투입되어야 했고 기름 수거도 쉽지 않았다.

그리고 기존 오일펜스가 펜스 안으로 모은 기름이 펜스가 파도에 밀려 살짝 뜰 때 다시 바다로 빠져나가는 문제가 있었는데 경량 오일펜스는 설치 후 즉각 물을 흡수하는 소재로 만들어져 펜스가 물과 밀착하므로 기름이 펜스를 통과하지 못하도록 만들었다(이때 오일펜스는 자체 무게의 500~1000배에 해당하는 물을 흡수하여 크게 부풀어 오른다). 여기에는 기술적 비밀이 숨어 있는데 펜스의 아랫부분을 친수성 수지로 만든 것이다. 친수성이란 물과 친한 성질을 갖는 성질로 아랫부분을 친수성 수지로 만들었기에 설치 후 즉각 물을 흡수하여 크게 부풀어 오르므로 물에 밀착할 수 있었던 것이다.

한편 기존의 오일펜스는 파도가 칠 때 하강하여 기름이 빠져나가게 하는 문제가 있었다. 하지만 경량 오일펜스는 윗부분을 친유성 수지로 만들어 기름을 잘 붙들어 둘 수 있게 하였다. 이렇게 펜스와 기름층은 하나의 부력체로 작동하게 되어 펜스의 하강을 막으므로 기름의 유출을 막는 작용을 하게 된다.

기술94
엄청난 전기에너지 사용을 줄이는 그린 IT 기술

흔히 IT와 환경은 별개라고 생각하기 쉬우나 IT 시스템이 엄청난 전기에너지를 사용한다는 점을 고려할 때 IT계에도 친환경 기술 시스템이 필요함을 알 수 있다.

IT계의 친환경 기술 시스템을 그린 IT 또는 그린 컴퓨팅이라 부른다. 쉽게 말해 컴퓨터나 주변기기가 최대한 환경오염에 영향을 미치지 않도록 만들거나 친환경 시스템으로 개선하는 것을 의미한다. 이와 관련하여 탄생한 대표적 기술이 업그레이드와 데이터센터다.

지금은 보편화된 개념이지만 사실 컴퓨터 업그레이드는 폐컴퓨터의 발생을 줄이기 위해 도입된 기술이다. 새로운 버전의 컴퓨터가 나오면 기존 컴퓨터는 폐기물로 버려지게 된다. 하지만 새로운 버전이 나오더라도 기존 컴퓨터를 업그레이드하는 것으로 해결할 수 있다면 폐기물로 버려지는 컴퓨터가 줄어들 것이다.

데이터센터는 대규모 컴퓨터가 밀집한 곳이다. 이런 곳에서 발생시키는 온실가스의 양은 엄청날 수밖에 없다. 이에 그린 컴퓨팅에서는 태양광에너지 등 친환경에너지를 통한 자가발전 시스템으로 구축한 데이터센터 건립을 기본으로 한다. 또한 오프라인 시설보다 클라우딩 컴퓨팅, 원격 근무 등과 같은 온라인 시스템 구축을 더 권장한다.

그린 컴퓨팅 시스템은 1992년 미국 환경보호국EPA에서 처음 시작되었으며 그린 컴퓨팅 인증마크 제도까지 시행하는 노력을 하였으나 전 세계로 뻗어나가지는 못하였다. 이것은 그린 컴퓨팅 개념이 IT 강국이라 불리는 우리나라에조차 널리 알려지지 않은 것으로 증명된다. 또한 현재는 컴퓨팅 시스템이 단지 IT 분야에만 머물러 있지 않고 우리 생활 전반으로 퍼져나가 있기에 새로운 개념의 그린 컴퓨팅 기술이 개발되어야 할 시점에 와 있다고 볼 수 있다.

사용하지 않는 장치의 전원이
자동으로 꺼지는 IT 전원 관리 기술

   그린 컴퓨팅 시스템은 결국 온실가스를 대량으로 발생시키는 에너지 문제에서부터 출발하였다. 컴퓨팅 시스템의 에너지는 모두 전기에너지로 공급되므로 친환경 전원 관리 기술이 중요한 부분으로 떠오르게 된다.

   컴퓨팅 시스템은 워크스테이션, 대형 서버, 데이터 센터 외에 이러한 시스템을 사용하기 위해 존재하는 냉난방시설, 조명 등에 이르기까지 막대한 양의 전기에너지를 소모하게 된다. 이러한 환경에서 탄소중립에 기여하기 위해 할 수 있는 첫 번째 행동은 결국 필요 없는 전원을 끄는 등 전기에너지를 아껴 쓰는 일이다. 이때 필요한 것이 사용하지 않는 장치의 전원을 자동으로 꺼지게 하는 기술이다. 전문가들은 이 단순한 행동만으로 에너지 소비를 20%나 줄일 수 있다고 한다. 미국의 대표적 대기업들은 데이터 센터에 전력을 관리하는 애플리케이션 기술을 도입하고 있다.

   이와 함께 필요한 것이 전력 소비를 최소화하는 컴퓨팅 장비를 만들어내는 기술이다. 부품이나 장비의 기술 수준이 높아질수록 효율이 높아지므로 기본 장비 당 전력 소비가 최소화되는 컴퓨터를 만들어낼 수 있다. 이런 컴퓨터의 대량 생산은 전기에너지 소비를 크게 줄일 수 있다.

그러나 이런 노력만으로는 친환경 IT 전원 관리 기술이 완성될 수 없다. 앞의 친환경 전원 관리 방법들은 사실 다른 분야(자동차 등)에 비해 매우 소극적인 환경운동이다. 다른 분야는 대체에너지로 전환하는 시스템 구축으로 가고 있는데 반해 오히려 최첨단 분야라 할 수 있는 IT 분야의 대체에너지 전환율은 미진하다. IT 분야도 궁극적으로 모든 컴퓨팅 시스템이 재생에너지를 이용한 자체 발전 시스템으로 바뀌는 적극적 기술이 개발되어야 한다.

기술96
비소로 오염된 토양복원 기술

비소(As)는 독성이 매우 강한 물질로 여러 번 복용을 거듭할수록 체내에 축적되어 죽게 하는 특성이 있다. 비소는 광산의 철광석 채석장에서 자연 발생하는 것으로 알려져 있다. 이 때문에 광산 주변 지역은 비소로 인한 토양오염에 시달리고 있다. 이에 비소로 오염된 토양을 복원하기 위해 열처리나 오염 정화 방식 등 기술 개발이 이루어지고 있었다. 하지만 이 방식들은 비용이 비싸다는 단점이 있어 쉽게 상용화하지 못하고 있었다.

이런 가운데 한국지질자원연구원 김재곤 박사 연구팀이 비소로 오염된 토양을 세척액으로 복원시키는 기술개발에 성공하였다. 이 세척액에는 환원제와 산이 포함되어 있어 이것을 토양에 뿌리면 약산성을 띠게 된다. 이때 환원제가 작용하여 토양이 환원반응을 일으키면서 비소를 분리해 내게 된다.

세척액에 의해 비소로 오염된 토양을 복원하는 기술은 기존 방법에 비해 경제적이면서 효율은 매우 높다. 따라서 머지않은 미래에 상용화될 가능성이 매우 높다.

기술97

다양한 중금속의 식물 흡수 및 축적 기술

식물은 이산화탄소를 흡수하고 산소를 내놓아 탄소중립에 크게 기여하는 고마운 존재다. 그런데 식물이 인체에 해로운 중금속까지 흡수한다는 사실을 아는 사람은 많지 않다. 식물의 이러한 특성을 이용하여 다양한 중금속을 흡수하는 기술개발이 이루어지고 있다.

벼는 비소를 흡수하는 성질이 있다. 과학자들은 벼의 이런 성질을 이용하여 비소의 흡수량을 증대시키는 기술에 대해 연구하였다. 그 결과 벼에 항산화제인 글루타치온과 아스코르브산염을 첨가할 경우 비소의 흡수량이 크게 증가하여 비소로 오염된 토양의 독성도 낮춘다.

유채는 카드뮴을 흡수하는 성질이 있다. 유채에도 똑같이 항산화제인 글루타치온과 아스코르브산염을 첨가할 경우 카드뮴의 흡수량이 크게 증가하여 카드뮴으로 오염된 토양의 독성도 낮추는 것을 관찰하였다.

이상의 실험결과를 통하여 식물의 중금속 흡수량을 크게 하는 요인 중 하나는 식물의 생장량에 따라 결정된다는 사실을 알아낼 수 있었다. 벼와 유채에 항산화제를 첨가했을 때 생장량에 큰 변화를 주었기 때문이다.

이 외에 식물의 중금속 흡수에 영향을 미치는 요인으로는 온도를 들 수 있다. 벼의 비소 흡수를 측정했을 때 온도가 높을수록 비소 흡수량이 증가하는 것을 관찰할 수 있었기 때문이다.

탄소를 품는 바이오차 기술

탄소중립 시대에 바이오차Biochar가 주목받고 있다. 바이오차란 바이오매스Biomass와 숯Charcoal을 합성하여 만들어진 신조어로 식물의 잔재물을 최대한 산소를 적게 하는 조건에서 350℃ 이상의 고온으로 열분해 시킬 때 나오는 까만 물질을 뜻한다. 겉으로 보기엔 일반 숯처럼 보이지만 탄소를 저장하는 특성을 가지기에 숯과는 완전히 다른 물질이라고 봐야 한다.

일반적으로 바이오에너지는 생물 유기체가 미생물에 의해 분해되면서 생성되는 메탄에 의해 만들어진다. 그런데 이때 이산화탄소도 함께 발생하기 때문에 온실가스를 만들어내는 문제가 있다. 반면 바이오차는 똑같은 생물 유기체를 미생물에 의해 분해되도록 하는 과정을 거치게 하는 대신 열분해시킴으로써 최대한 많은 양의 탄소를 품고 있게 하므로 이산화탄소를 발생시키지 않게 한다는 점에서 차이가 있다.

바이오차는 농업에 활용할 수 있다. 농경지에 왕겨를 원료로 한 바이오차 1톤을 뿌릴 경우 약 1.44톤의 이산화탄소 발생이 줄어든다는 연구결과가 있을 정도로 바이오차의 탄소 발생 억제력은 대단하다. 그뿐만 아니라 바이오차는 토양 산성화를 방지하고 토양 속 영양분을 흡착하는 성질이 있다. 이를 통하여 식물에 유익한 미생물 성장을 돕고 결과적으로 식물의 생산성을 높이는 데 기여한다.

이처럼 유익한 바이오차를 순도 높게 만들기 위해서는 산소가 거의 없는 환경에서 고온으로 가열해 주는 조건이 필요하다. 산소의 농도가 높은 곳에서 반응시킬 경우 이산화탄소가 많이 발생해 바이오차 내의 탄소 함량이 낮아지기 때문이며, 또 낮은 온도에서는 바이오차가 얻어지는 비율도 낮아지기 때문이다.

기술99

잔류 농약 저감 기술

웰빙시대를 맞이하여 친환경 농업이 중요한 시대의 화두로 떠올랐다. 하지만 유기농 재배는 매우 힘들고 비효율적인 농사법이다. 조금만 방심하면 병충해가 온 작물을 뒤덮어 농사를 망친다. 그래서 완전히 농약을 사용하지 않는 농사법은 거의 불가능하다.

이처럼 농사와 농약은 서로 불가분의 관계에 있다. 따라서 농약으로 인한 오염을 처리하는 기술개발이 절실한 상황이다. 이런 가운데 국립경상대학교에서 오존을 통한 잔류 농약 저감 기술을 개발했다.

새롭게 제시된 잔류 농약의 저감 방법은 다음과 같다. 먼저 잔류 농약이 있는 농산물에 자외선C를 쐬어준다. 그러면 자외선이 공기 중의 산소와 반응하여 오존을 생성한다. 이 오존이 농산물에 묻어 있는 잔류 농약을 단시간에 효과적으로 분해시키므로 제거하게 된다. 이때 오존은 농산물에 무해한 것으로 밝혀졌으며 이 방법을 통하여 농약으로부터 청정한 농산물을 얻을 수 있으므로 그 가치를 높일 수 있다는 장점이 있다.

기술100

모든 불순물을 걸러내는
역삼투 생활하수 처리 기술

최근 물 부족 현상과 관련하여 하수를 재활용하는 기술개발이 이루어지고 있다. 포항에는 세계 최대 규모의 하수처리시설이 있는데 여기에서 정화된 하수는 1급수로 변신하여 공업용수로 재활용되고 있다.

하수의 1급수 변신은 전처리 분리막이라는 1차 필터에서 각종 부유물을 제거한 후 다시 역삼투 설비를 거쳐 1급수 공업용수로 재탄생시키는 방법을 사용한다. 역삼투 설비는 6천 160개의 필터가 역삼투 원리를 이용하여 물속의 각종 오염물질을 깨끗하게 없앤다.

하수가 이 과정을 거치면 물의 오염도 측정 기준 중 하나인 BOD(생화학적산소요구량)가 97.6에서 0.1로 뚝 떨어질 정도로 효과가 크다. 단순 하수처리시설을 거쳤을 때의 BOD가 4.3 정도인 것을 감안하면 놀라운 기술이라 하지 않을 수 없다.

역삼투란 삼투의 반대 현상을 뜻한다. 즉 삼투 현상에서는 물이 농도가 낮은 쪽에서 높은 쪽으로 반투과막을 통해 이동하여 농도의 균형을 맞추는 일이 일어난다. 흔히 배추를 소금에 담갔을 때 배추 속 물이 소금 농도가 높은 바깥으로 빠져나와 절여지는 원리가 바로 삼투 현상 때문이다. 그런데 역삼투 현상은 이 반대 현상이 일어나도록 하기 위해 농도가 높은 쪽에 아주 높은 압력을 가해 농도가 높은 쪽에서 낮은 쪽으로 물이 역이동하도록 하는 기술이다. 이 기술을 이용하면 거의 모든 불순물은 걸러지고 순수한 물만 반투막을 통과하게 된다.

기후재난과의 전쟁

초판 1쇄 인쇄 2022년 6월 13일
초판 1쇄 발행 2022년 6월 30일

지 은 이 박영숙
펴 낸 이 이종문(李從聞)
펴 낸 곳 (주)국일미디어

등   록 제406-2005-000025호
주   소 경기도 파주시 광인사길 121 파주출판문화정보산업단지(문발동)
영 업 부 Tel 031)955-6050 | Fax 031)955-6051
편 집 부 Tel 031)955-6070 | Fax 031)955-6071
평생전화번호 0502-237-9101~3
홈페이지 www.ekugil.com
블 로 그 blog.naver.com/kugilmedia
페이스북 www.facebook.com/kugilmedia
E-mail kugil@ekugil.com

· 값은 표지 뒷면에 표기되어 있습니다.
· 잘못된 책은 구입하신 서점에서 바꿔드립니다.

ISBN 978-89-7425-865-8 (03450)